高强度圆环链实用技术

王维喜　张亚龙　王东凤　编著

北　京
冶金工业出版社
2018

内容提要

本书共分4章，第1章详细介绍了矿用高强度圆环链的工况条件、性能要求、品种规格、材料选择、制造技术、失效分析、研究进展、安全使用和维护；第2~4章分别介绍了水泥工业用链条、火力发电厂捞渣机链条和起重吊装链条的制造、使用等相关内容。

本书实用性强，可供从事有关链条生产和使用的工程技术人员、管理人员及技术工人参考，也可供从事链条研究的大专院校和科研院所的有关人员参考。

图书在版编目(CIP)数据

高强度圆环链实用技术/王维喜，张亚龙，王东凤编著．—北京：冶金工业出版社，2018.6

ISBN 978-7-5024-7786-8

Ⅰ.①高… Ⅱ.①王… ②张… ③王… Ⅲ.①圆环链 Ⅳ.①TH237

中国版本图书馆CIP数据核字(2018)第113584号

出 版 人　谭学余

地　　址　北京市东城区嵩祝院北巷39号　邮编　100009　电话　(010)64027926

网　　址　www.cnmip.com.cn　电子信箱　yjcbs@cnmip.com.cn

责任编辑　夏小雪　美术编辑　吕欣童　版式设计　禹　蕊

责任校对　郑　娟　责任印制　李玉山

ISBN 978-7-5024-7786-8

冶金工业出版社出版发行；各地新华书店经销；固安华明印业有限公司印刷

2018年6月第1版，2018年6月第1次印刷

169mm×239mm；9印张；174千字；133页

34.00元

冶金工业出版社　投稿电话　(010)64027932　投稿信箱　tougao@cnmip.com.cn

冶金工业出版社营销中心　电话　(010)64044283　传真　(010)64027893

冶金书店　地址　北京市东四西大街46号(100010)　电话　(010)65289081(兼传真)

冶金工业出版社天猫旗舰店　yjgycbs.tmall.com

（本书如有印装质量问题，本社营销中心负责退换）

前　言

高强度圆环链用途十分广泛，在我国国民经济高速发展和快速的现代化建设中发挥着重要的作用。按照其不同的性能和规格可用于不同的行业和不同的工况条件，具体如下：

(1) 用于物料输送机械的传动链和载荷的牵引链，如煤矿刮板输送机、转载机、刨煤机、矿车连接用链条，火力发电厂的捞渣机用链条和水泥厂的斗式提升机用链条等。这些链条是属于同一类型的。相比之下，矿用高强度圆环链服役条件复杂、恶劣，综合力学性能要求高，制造技术具有代表性。

(2) 用于起重吊链，如冶金、机械、矿山、建筑、建材、动力、港口、铁路、军事、核电、采石等行业起重吊装用链条。这是属于另一类型的链条。

此外，还有用于船舶、农业、捕鱼、汽车防滑和轮胎保护的圆环链等。

本书主要较为详细地论述了矿用高强度圆环链的工况条件，性能要求，品种规格，材料选择、制造技术、失效分析、研究进展、安全使用和维护。对水泥工业用圆环链、发电厂捞渣机用圆环链和起重吊链的制造、使用等也做了相关的论述。

由于钢制圆环链用途不同，它的性能要求、规格尺寸、几何形状、制造用钢以及制造工艺等也各有不同。目前，关于圆环链的技术资料除有关标准和少量论文外，尚未见到有关书籍详细介绍，特写此书。希望能为我国高强度圆环链制造技术的发展和使用水平的提高起到抛砖引玉和推动引领的作用。

本书在撰写过程中引用了有关标准的部分内容，由于标准总是在不断更新，希望读者阅读时注意参考有关标准的最新版本内容。

本书的出版得到了有关行业专家、教授和同事的帮助与支持，在此表示衷心感谢。同时，非常感谢冶金工业出版社对本书出版的支持和付出。

由于作者水平有限，疏漏和不当之处在所难免，敬请广大读者批评指正。

王维喜

2018年2月

目　录

1 矿用高强度圆环链

1.1 矿用高强度圆环链的应用和服役条件

煤炭是全球能源结构中最重要的燃料，目前还没有一种能够有效替代煤炭的燃料。我国是世界采煤大国，采煤量约占全球总量的一半。煤炭在我国经济快速发展中起着非常重要的作用。矿用高强度圆环链是煤矿井下刮板输送机、转载机和刨煤机传递动力的关键件和易损件，其中在刮板输送机上用量最大。图 1-1 所示为矿用高强度圆环链在煤矿井下刮板输送机上工作。

图 1-1　矿用高强度圆环链在煤矿井下工作

建设现代化、高产高效的大型煤矿，对采煤作业机械化设备提出了更高的要求，刮板输送机是综合机械化采煤三机（采煤机、刮板输送机和液压支架）配套设备中的重要组成部分。刮板输送机的发展和质量与矿用高强度圆环链的发展和质量息息相关，在某种意义上取决于矿用高强度圆环链。较大、较长的采煤工作面需要规格较大、强度更高的链条，工作面设备的高成本需要链条具有较长的使用寿命和较高的可靠性，连续生产不容许较长的维修时间。生产高质量的矿用高强度圆环链和对链条的正确使用和维护对保证煤矿采煤的高产、高效具有十分重要的意义。

刮板输送机在井下工作时，环境恶劣，矿用高强度圆环链受力复杂，除循环承载承受拉-拉疲劳外，遇有刮卡或较大岩石、大块煤落下时还会受到冲击载荷。链环与链轮接触时，平环肩顶部外侧（外表面）受到链轮轮齿的压力及磨损，顶部内侧（内表面）除受压力外，由于链环在负载状态下通过链轮时不断弯折，在平环与立环的连接部位还会产生磨损和接触疲劳。链条在运行中立环的直边部分与溜槽产生磨损。链条在井下与潮湿的煤粉、岩粉及腐蚀性气体接触，造成了电化学腐蚀的条件，使链条受到腐蚀。由于链条设计、制造、使用、维护和工作条件的影响会导致各种链条失效的出现（包括应力腐蚀和腐蚀疲劳断裂），将会严重影响煤矿的安全和产量，据称我国某大型煤矿在采煤作业中刮板输送机断链一次将少生产 5000t 煤，给煤矿造成重大的经济损失。因此，矿用高强度圆环链不仅需要具有高强度（静载强度和动载强度）、高韧性、耐磨损、耐腐蚀等综合力学性能[1]，同时还需要正确的使用和维护。

1.2　矿用高强度圆环链的种类和规格

1.2.1　圆环链

按照国家标准 GB/T 12718—2009《矿用高强度圆环链》的规定[2]，矿用高强度圆环链的型式和尺寸如图 1-2 所示，实物照片如图 1-3 所示，其规格尺寸见表 1-1。

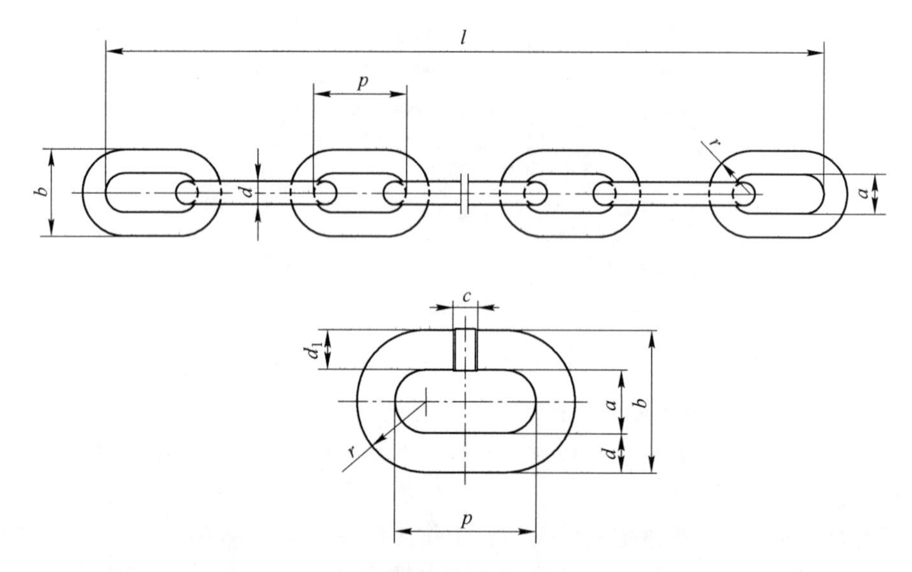

图 1-2　矿用高强度圆环链及链环的型式和尺寸

图 1-3　矿用高强度圆环链实物图

表 1-1 GB/T 12718 标准矿用高强度圆环链的规格尺寸

规格（$d\times t$）/mm×mm	直径/mm		节距/mm		宽度/mm		圆弧半径 r_0^{+2}/mm	单位长度质量 /kg · m^{-1}
	d	公差	p	公差	内宽 a (min)	外宽 b (max)		
10×40	10	±0.4	40	±0.5	12	34	15	约 1.9
14×50	14	±0.4	50	±0.5	17	48	22	约 4.0
18×64	18	±0.5	64	±0.6	21	60	28	约 6.6
22×86	22	±0.7	86	±0.9	26	74	34	约 9.5
24×86	24	±0.8	86	±0.9	28	79	37	约 11.6
26×92	26	±0.8	92	±0.9	30	86	40	约 13.7
30×108	30	±0.9	108	±1.0	34	98	46	约 18
34×126	34	±1.0	126	±1.2	38	109	52	约 22.7
38×137	38	±1.1	137	±1.4	42	121	58	约 29
42×152	42	±1.3	152	±1.5	46	133	64	约 35.3

按照德国标准 DIN 22252—2012《矿用连续输送机和开采设备用圆环链》的规定[3]，矿用高强度圆环链的规格尺寸见表 1-2、表 1-3 及图 1-4。表 1-3 用于同 DIN 22253 标准连接环匹配的短链条链环宽度和圆弧半径尺寸，其余尺寸同表 1-2。

表 1-2 DIN 22252 标准矿用高强度圆环链的规格尺寸

规格（$d\times t$）/mm×mm	直径/mm		节距/mm		宽度/mm		半径 r/mm		单位长度质量 /kg · m^{-1}
	d	公差	t	公差	内宽 b_1 (min)	外宽 b_2 (max)	min	max	
14×50	14	±0.4	50	±0.5	17	48	22	24	4
18×64	18	±0.5	64	±0.6	21	60	28	30	6.6
19×64.5	19	±0.6	64.5	±0.6	22	63	29.5	31.5	7.4
22×86	22	±0.7	86	±0.9	26	73	34.5	36.5	9.5
24×86	24	±0.7	86	±0.9	28	79	37.5	39.5	11.6
24×87.5	24	±0.7	87.5	±0.9	28	79	37.5	39.5	11.5
26×92	26	±0.8	92	±0.9	30	85	40	42.5	13.7
30×108	30	±0.9	108	±1.1	34	97	46	48.5	18
34×126	34	±1.0	126	±1.3	38	110	52	55	22.7
38×137	38	±1.1	137	±1.4	42	122	58	61	29
42×137	42	±1.1	137	±1.4	48	139	65	69.5	36.9

表 1-3 DIN 22252 标准矿用高强度圆环链短链条的链环宽度和圆弧半径

规格（$d \times t$）/mm×mm	宽度/mm		半径 r_0^{+2}/mm
	内宽 b_1(min)	外宽 b_2(max)	
14×50	17	48	22
18×64	22	61	28.5
19×64.5	23	65	30.5
22×86	27	75	35.5
24×86	30	82	39
24×87.5	30	82	39
26×92	32	88	42
30×108	37	102	49
34×126	42	116	56

注：每条链的链环数为 5、7、9、11、13、15 环的链条为短链条。从表 1-2 和表 1-3 可看出短链条的内宽、外宽和圆弧半径都比长链条的大（14×50 链条除外）。

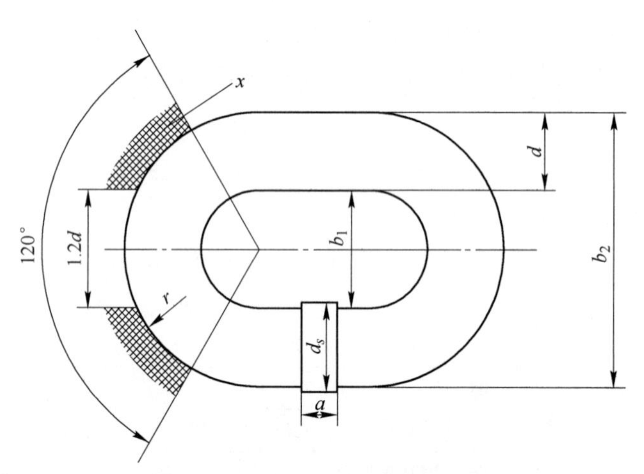

图 1-4 DIN 22252 标准链环尺寸

（X 所指的区域为试验区，即与链轮接触区）

从表 1-1～表 1-3 和图 1-2、图 1-4 也可看出我国的国家标准 GB/T 12718—2009 和德国标准 DIN 22252—2012 在尺寸要求上不是完全一样的[4]。

1.2.2 扁平链

在大规格链条中扁平链和紧凑链的使用比例越来越高。扁平链是按德国标准 DIN 22255《矿山用连续输送机平环链》（Flat link chains for use in continuous conveyors in mining)[5]生产的。它是由焊接圆环和焊接扁平环（或锻造扁平环）相间组成的，如图 1-5 所示，其实物照片如图 1-6 所示。扁平链的规格尺寸见表 1-4。紧凑链与扁平链类似，只是紧凑链的立环多为锻造环且节距也比焊接环短。

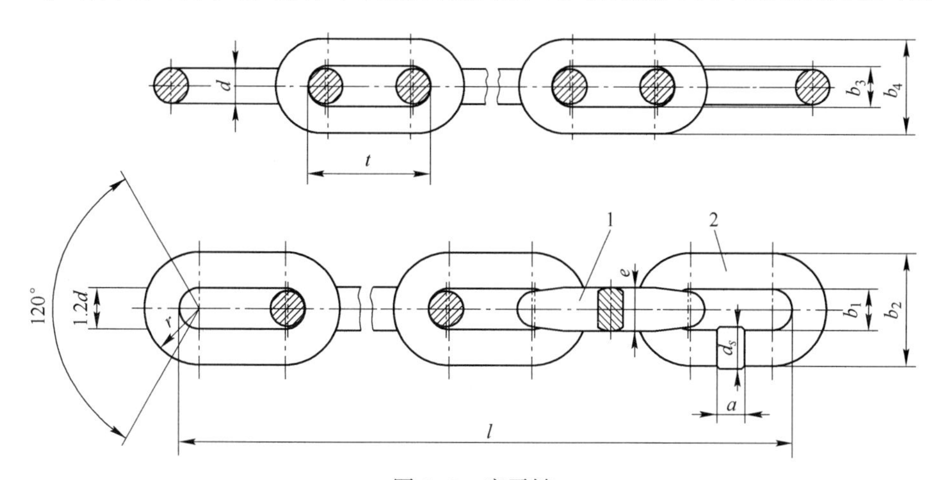

图 1-5 扁平链
1—立环；2—平环

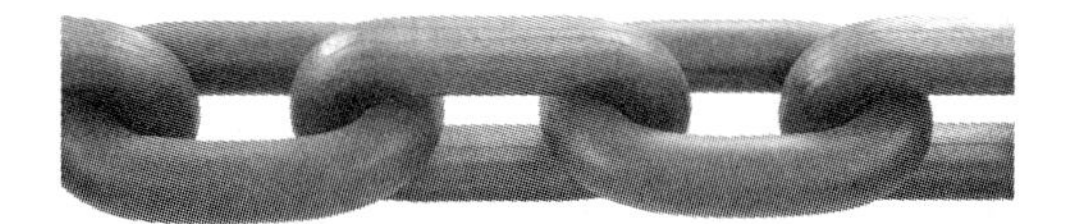

图 1-6 扁平链实物图

表 1-4 DIN 22255—2012 标准矿用扁平链的规格尺寸

规格 ($d\times t$) /mm×mm	直径/mm		厚度 e(max) /mm	节距/mm		宽度/mm				单位长度重量 /kg·m⁻¹	平环半径 r/mm	
						平环		立环				
	d	公差		t	极限偏差	内宽 b_1(min)	外宽 b_2(max)	内宽 b_3(min)	外宽 b_4(max)		min	max
26×92	26	±0.8	30	92	±0.9	30.1	87	30	75	13.7	40	43.5
30×108	30	±0.9	34	108	±1.1	34.1	99	34	87	18	46	49.5
34×126	34	±1.0	38	126	±1.3	38.1	111	38	99	22.7	52	55.5
38×126	38	±1.1	42	126	±1.3	42.1	123	42	111	30.1	57.5	61.5
38×137	38	±1.1	42	137	±1.4	42.1	123	42	111	29	57.5	61.5
38×146	38	±1.1	42	146	±1.5	42.1	123	42	111	27.6	57.5	61.5
42×137	42	±1.1	48.5	137	±1.4	48.6	139	46	115	37	65	69.5
42×146	42	±1.1	48.5	146	±1.5	48.6	139	46	115	36	65	69.5

续表 1-4

规格 $(d\times t)$ /mm×mm	直径/mm		厚度 e(max) /mm	节距/mm		宽度/mm				单位长度重量 /kg·m^{-1}	平环半径 r/mm	
						平环		立环				
	d	公差		t	极限偏差	内宽 b_1(min)	外宽 b_2(max)	内宽 b_3(min)	外宽 b_4(max)		min	max
48×152	48	±1.4	56	152	±1.5	A	A	54	127	47	A	A

注：A 标注的尺寸 b_1、b_2、r_{min} 与 r_{max} 和生产过程有关，需要和生产协商确定；$r_{min}=0.5\times(b_1+2\times d_{min})$，$r_{max}=0.5\times b_2$。

以上可看出，我国国家标准 GB/T 12718 和德国标准 DIN 22252 中同规格链环尺寸不完全一样，同 DIN 22255 中同规格平环的尺寸也不是完全一样。德国标准 DIN 22252 和 DIN 22255 中的同规格的平环尺寸也不是完全一样的。链条尺寸在保证有利于力学性能的情况下还要有利于使用性能。例如，链环之间应保证灵活，不易打折、弯卡等。二者对尺寸的要求，往往是矛盾的，最佳尺寸是二者兼顾的平衡点，同时还要考虑和链轮的合理匹配。

1.3　矿用高强度圆环链的力学性能

按照国家标准 GB/T 12718—2009 的要求，矿用高强度圆环链的质量等级分 B、C 和 D 三种，其力学性能应分别达到表 1-5 中的要求。

表 1-5　矿用高强度圆环链的力学性能要求

质量等级	最小破断应力 /N·mm^{-2}	试验力下伸长率 (max)/%	破断时的伸长率 (min)/%	试验应力 /N·mm^{-2}	焊接处的缺口冲击值 A_{KU}/J	疲劳极限应力（疲劳次数≥30000 次）/N·mm^{-2}	
						上限	下限
B	630	1.4	12	500	≥15	250	50
C	800	1.6	12	640	≥15	330	50
D	1000	1.9	12	800	由制造厂与用户协商确定	400	50

从表 1-5 可看出链条的试验应力是最小破断应力的 0.8 倍，疲劳极限应力的上限值约为最小破断应力的 0.4 倍。即疲劳极限应力的上限值约为试验应力的一半。

疲劳负荷作用的频率为 200~1000 次/分钟（min），型式检验时为 500 次/分钟（min）。

表 1-6 为国标 GB/T 12718—2009 矿用高强度圆环链力学性能试验时的试验

负荷及破断负荷。表 1-7 为弯曲挠度值。

表 1-6 国标 GB/T 12718—2009 矿用高强度圆环链力学性能试验时的试验负荷及破断负荷

圆环链规格 (d×p)/mm×mm	B 级		C 级		D 级	
	试验负荷 /kN	破断负荷 (min)/kN	试验负荷 /kN	破断负荷 (min)/kN	试验负荷 /kN	破断负荷 (min)/kN
10×40	85	110	100	130	130	160
14×50	150	190	200	250	250	310
18×64	260	320	330	410	410	510
22×86	380	480	490	610	610	760
24×86	460	570	580	720	720	900
26×92	540	670	680	850	850	1060
30×108	710	890	900	1130	1130	1410
34×126	900	1140	1160	1450	1450	1810
38×137	1130	1420	1450	1810	1810	2270
42×152	1390	1740	1770	2220	2220	2770

表 1-7 国标 GB/T 12718—2009 矿用高强度圆环链的弯曲挠度值

圆环链规格(d×p)/mm×mm	10×40	14×50	18×64	22×86	24×86	26×92	30×108	34×126	38×137	42×152
挠度值 f/mm	9	11	14	18	20	21	24	30	34	38

注：链环变形达到表中挠度值时不应有断裂、目视裂纹或其他缺陷。

图 1-7 为链条力学性能指标在力-伸长曲线图上的对应关系。

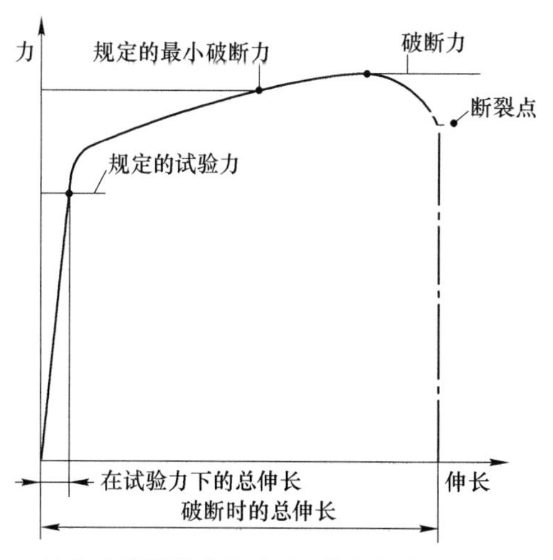

图 1-7 链条力学性能指标在力-伸长曲线图上的对应关系

表 1-8 为国标 GB/T 12718—2009 疲劳试验的上、下限载荷。

表 1-8　国标 GB/T 12718—2009 疲劳试验的上、下限载荷

圆环链规格（$d \times p$）/mm×mm	B 级		C 级		D 级	
	下限载荷/kN	上限载荷/kN	下限载荷/kN	上限载荷/kN	下限载荷/kN	上限载荷/kN
10×40	8	40	8	53	8	65
14×50	15	77	15	102	15	123
18×64	25	127	25	168	25	204
22×86	38	190	38	251	38	304
24×86	45	226	45	299	45	362
26×92	53	265	53	350	53	425
30×108	71	353	71	467	71	566
34×126	90	453	90	598	90	725
38×137	110	567	110	748	110	907
42×152	138	690	138	914	138	1108

表 1-9 为德国标准 DIN 22252—2012 对链条力学性能的要求。表 1-10 为德国标准 DIN 22252—2012 对链条疲劳试验上下限载荷的规定。

表 1-9　DIN 22252—2012 标准链条的力学性能

规格（$d \times t$）/mm×mm	试验负荷 TF/kN	试验负荷下的伸长率（max）/%	破断负荷（min）/kN	破断时的伸长率 A(min)/%	挠度 f/mm	工作负荷 WF（max）/kN
14×50	185	1.6	246	14	14	154
18×64	305		407		18	254
19×64.5	340		454		19	283
22×86	456		608		22	380
24×86	543		724		24	452
24×87.5	543		724		24	452
26×92	637		850		26	531
30×108	848		1130		30	707
34×126	1090		1450		34	907
38×137	1360		1820		38	1130
42×137	1660		2220		42	1380

注：1. d：链条材料直径；t：链环节距。

2. 链条 V 形缺口冲击试验，对于公称尺寸≥26mm，抗拉强度在 1097～1220MPa 的链条，在非时效的正常链环直边和顶部圆弧部位取样，试样带有 V 形缺口，每个材料批 3 个标准试样在室温下的缺口冲击功平均值为≥57J，且任何一个值不得低于 40J。

3. 链条的破断强度为 800N/mm^2。

4. 链条硬度在 350HV10 到 390HV10 或者 345HBW10/3000 到 385HBW10/3000 之间。

从表1-9可看出DIN标准链条的试验应力约为最小破断应力的0.75倍。

表1-10 DIN 22252—2012标准链条疲劳试验的上、下限载荷

链条直径 d/mm	下限载荷 F_u/kN	上限载荷 F_o/kN
14	15	77
18	26	127
19	29	142
22	38	190
24	46	226
26	53	266
30	71	354
34	91	454
38	114	567
42	139	693

注：按标准规定链条的疲劳上限应力为250N/mm^2，下限应力为50N/mm^2；振动频率为1~16Hz，首选1.5Hz；疲劳次数不得少于7万次。在链条进行疲劳试验前，应将试验负荷TF施加到链条试样中。

链条疲劳极限应力的上限值约为最小破断应力的0.31倍。

表1-11为德国标准DIN 22255—2012对矿用扁平链的力学性能要求。表1-12为对链条疲劳试验的上、下限载荷规定。

表1-11 DIN 22255—2012标准矿用扁平链的力学性能

规格（d×t）/mm×mm	试验力 TF/kN	试验负荷下的伸长率(max)/%	破断力 BF(min)/kN	破断时的伸长率 A(min)/%	挠度 f/mm	工作负荷 WF(max)/kN
26×92	637	1.6	850	11	26	531
30×108	848		1130		30	707
34×126	1090		1450		34	907
38×126	1360		1820		38	1130
38×137	1360		1820		38	1130
38×146	1360		1820		38	1130
42×137	1660		2220		42	1380
42×146	1660		2220		42	1380
48×152	1900		2900		48	1810

注：1. d：链条材料直径；t：链环节距。

2. 链条缺口冲击试验，对抗拉强度在1097~1220MPa的扁平链，在非时效的正常链环直边和顶部圆弧部位取样，试样带有V形缺口，取自3个链环的标准试样在室温下的缺口冲击功平均值≥57J，且任何一个值不得低于40J。对于锻造立环，必须做取自直边试样的缺口冲击试验。

3. 硬度在350HV10到390HV10或者345HBW10/3000到385HBW10/3000之间。

表 1-12　DIN 22255—2012 标准矿用扁平链疲劳试验的上、下限载荷

链条直径 d/mm	下限载荷 F_u/kN	上限载荷 F_o/kN
26	53	266
30	71	354
34	91	454
38	114	567
42	139	693
48	181	905

注：1. 疲劳应力：上限应力为 $250N/mm^2$，下限应力为 $50N/mm^2$。
　　2. 振动频率为 1～16Hz，首选 1.5Hz。
　　3. 疲劳次数不低于 7 万次。
　　4. 在链条进行疲劳试验前，必须按试验要求对试样加载一次试验力 *TF*。

从以上可以看出我国的国家标准和德国标准对链条的性能要求是有所区别的，德国标准对链条的韧性要求更高一些，在 DIN 22252 和 DIN 22255 中还对链条的硬度做了规定。我国国家标准对链条的冲击试验，取样部位在链环的焊口一侧，U 型缺口开在焊缝上，重点考查焊接处的韧性。而德国标准对链条的冲击试验，取样部位在链环的无焊缝的直边部位和顶部圆弧部位，且为 V 型缺口，重点是在考查链条材料和热处理工艺。疲劳载荷和次数也不一样。

我国中煤张家口煤矿机械有限责任公司圆环链分厂生产的加强型矿用圆环链的力学性能、矿用紧凑链的规格尺寸和加强型矿用紧凑链的力学性能见表 1-13～表 1-15，防腐型矿用圆环链的力学性能见表 1-16，防腐型矿用紧凑链的力学性能见表 1-17。

表 1-13　加强型矿用圆环链的力学性能

规格（$d \times t$）/mm×mm	试验负荷/kN	试验伸长率(max)/%	破断负荷(min)/kN	破断伸长率(min)/%	挠度 f/mm	工作负荷(max)/kN
22×86	525		745		22	456
26×92	733		1040		26	637
30×108	976	1.6	1390	14	30	848
34×126	1250		1780		34	1090
38×137	1560		2220		38	1360

注：链条的 V 形缺口冲击试验，冲击功最小值为 50J。疲劳次数最少 200000 次，典型的大于 500000 次。

表 1-14 矿用紧凑链的规格尺寸

规格 $(d\times t)$ /mm×mm	直径/mm		厚度/mm	节距/mm		宽度/mm			
	d	公差	e	t	公差	内宽 b_1(min)	外宽 b_2(max)	内宽 b_3(min)	外宽 b_4(max)
22×86	22	±0.7	25	86	±0.9	26	74	25	61
26×92	26	±0.8	29	92	±0.9	31	87	30	75
30×108	30	±0.9	34	108	±1.0	35	99	34	87
34×126	34	±1.0	38	126	±1.3	38	109	38	97
38×126	38	±1.1	42	126	±1.3	42	121	42	110
38×137	38	±1.1	42	137	±1.4	42	121	42	110
38×146	38	±1.1	42	146	±1.5	42	121	42	110
42×146	42	±1.1	48.5	146	±1.5	46	133	46	115
48×152	48	±1.5	56	152	±1.5	62	163	53	127

表 1-15 加强型矿用紧凑链的力学性能

规格 $(d\times t)$ /mm×mm	试验负荷/kN	试验伸长率 (max)/%	破断负荷 (min)/kN	破断伸长率 (min)/%	挠度 f/mm	工作负荷 (max)/kN
26×92	650	1.6	930	11	26	580
30×108	845		1250		30	782
34×126	1250		1780		34	1090
38×126	1560		2220		38	1360
38×137	1560		2220		38	1360
38×146	1560		2220		38	1360
42×146	1910		2720		42	1660
48×152	2500		3550		48	2170

注：链条的 V 形缺口冲击试验，冲击功最小值为 50J。疲劳次数最少 125000 次，典型的大于 200000 次。

表 1-16 防腐型矿用圆环链的力学性能

规格 $(d\times t)$ /mm×mm	试验负荷/kN	试验伸长率 (max)/%	破断负荷 (min)/kN	破断伸长率 (min)/%	挠度 f/mm	工作负荷 (max)/kN
30×108	848	1.6	1240	14	30	777
34×126	1090		1600		34	1000
38×126	1360		2000		38	1250
38×137	1360		2000		38	1250
38×146	1360		2000		38	1250

注：链条的 V 形缺口冲击试验，冲击功最小值为 50J。疲劳次数最少 125000 次，典型的大于 275000 次。参考 DIN 22255 的验证方法和程序。

表 1-17　防腐型矿用紧凑链的力学性能

规格（$d \times t$）/mm×mm	试验负荷/kN	试验伸长率(max)/%	破断负荷(min)/kN	破断伸长率(min)/%	挠度 f/mm	工作负荷(max)/kN
26×92	637	1.6	930	11	26	580
30×108	848		1230		30	770
34×126	1090		1600		34	1000
38×126	1360		2000		38	1250
38×137	1360		2000		38	1250
38×146	1360		2000		38	1250
42×146	1660		2440		42	1520
48×152	2170		3180		48	1990

注：链条的 V 形缺口冲击试验，冲击功最小值为 50J。疲劳次数最少 125000 次，典型的大于 225000 次。参考 DIN 22255 的验证方法和程序。

标准规定的链条力学性能是链条表面在自然黑状态下应满足的力学性能，如果链条表面有防腐涂层或光亮表面，由于链环连接接触部位的摩擦特性发生改变，链条的破断负荷和破断伸长率将降低，如果这种链条的最小破断负荷不低于标准规定值的 90%，最小破断伸长率不低于标准规定值的 80%，仍然被视作是符合要求的。

1.4　矿用高强度圆环链用钢

1.4.1　矿用高强度圆环链用钢标准

国内外均对矿用高强度圆环链用钢制定了相关标准，我国的现行标准是 GB/T 10560—2008《矿用高强度圆环链用钢》[6]，国外为德国的 DIN 17115—2012《焊接圆环链和链条组件用钢交货技术条件》(Steel for welded round link chains and chain components——technical delivery conditions)[7]。

我国标准中规定的用钢有：20Mn2A，20MnV，25MnV，25MnVB，25MnSiMoVA，25MnSiNiMoA，20NiCrMoA，23MnNiCrMoA，23MnNiMoCrA。

德国标准中规定的用钢主要有：15CrNi6，20MnNiCrMo3-2，20MnNiCrMo3-3，23MnNiCrMo5-2，23MnNiCrMo5-3，23MnNiMoCr5-4 等。

1.4.2　矿用高强度圆环链用钢的质量要求

矿用高强度圆环链的力学性能除与制链工艺有关外，还与其用钢质量有着密切的关系。为了满足矿用高强度圆环链的工艺性能、力学性能和使用性能要求，对矿用高强度圆环链用钢的冶炼方法、压缩比、尺寸公差、不圆度、棒材和直条材的直线度、表面质量、化学成分、力学性能及钢材交货状态下的宏观组织、显微组织、硬度都有较严格的要求。

矿用高强度圆环链用钢必须是镇静钢，电炉冶炼，真空脱气，且有较高的纯净度（较高的纯净度可提高钢的断裂韧性和疲劳性能），没有应变时效脆性，可用连铸工艺完成，压缩比至少为 30：1。交货状态下钢不应有心部缺陷和有害偏析，钢的组织应均匀，碳化物颗粒应细小均匀，奥氏体晶粒度不低于 6 级。

钢不应有剩磁（小于±10 高斯），因为剩磁会对链条的焊接质量产生不利影响，剩磁的磁场可使焊接电弧偏斜，磁场越强，电弧偏斜越严重，使焊接过程不正常。另外，钢中如存在较高剩磁，在下料时，料段易前后粘连。钢的局部脱碳深度不应大于材料直径的 1%，钢应具有好的弯曲成型性、对电阻对焊和闪光对焊有较好的焊接性、好的淬透性和回火稳定性，所制链条在热处理后应具有较高的强韧性。钢材以热轧或热轧退火态交货，表面不得有影响质量的目视裂纹和缺陷，不得锈蚀，尺寸精度、不圆度、棒材和直条材的直线度和硬度应符合制链厂的要求。一般地，23MnNiMoCr5-4 钢原材料的硬度：退火棒料应控制在 HB180~HB220 之间，线材最大平均硬度为 HRB92。对较粗的棒料，最大平均硬度为 HB321。如果硬度太低，切料时易造成料段端部塑性变形，过硬则易造成端部出现微裂纹，或使切料机的切料工装磨损加剧，寿命缩短。钢材整捆的硬度应该一致，任何一点都不应超过平均值的±25HB（或±25HRB）。

钢厂提供的原材料（盘条、条材或棒料）必须带有金属或其他坚固材料制作的识别标签，标签上应注明材料牌号、规格、重量和熔炼炉号。同时，还必须附有产品质量证明书或试验证书，证书内容包括：材料牌号、材料标准、熔炼炉号、化学成分、低倍及高倍检验结果、交货状态、力学性能、淬透性试验结果、晶粒度、制造日期等。

1.4.3 矿用高强度圆环链用钢现状

长期以来，我国矿用高强度圆环链使用国家标准中的链条钢较多和比较成熟是 25MnV 钢，用于制造链条直径为 22mm 及以下规格的 B 级链，部分（含碳量为中差范围）用于制造链条直径为 18mm 及以下规格的 C 级链。而大规格 C 级链条用钢则采用德国标准中的 23MnNiMoCr5-4 钢（以下简称 54 钢）制造。德国矿用链标准 DIN 22252—2012 规定了矿用链用钢的最低质量标准为 23MnNiCrMo5-2 钢（以下简称 52 钢），德国矿用扁平链标准 DIN 22255—2012 规定了扁平链用钢的最低质量标准为 54 钢。54 钢是一种高级优质链条钢，经世界各大链条公司使用效果良好，较好地满足了矿用高强度圆环链标准中各种规格 C 级链的性能要求。许多链条厂还把它用于制造性能高于 C 级的链条，甚至制造 D 级链条。过去 54 钢的来源主要靠从德国、日本和英国等国外进口，近年来我国经过对 54 钢的认真、细致地试验研究和试用，取得了良好效果，产品质量达到了标准要求，实现了国产化。

近年来，代号为 023 的专利防腐链条钢[8]也得到了很好的应用，它主要用于存在腐蚀条件的煤矿，由于它特殊的化学成分和热处理工艺使链条与常规链条相比在不牺牲强度和硬度的条件下能有效防止应力腐蚀断裂。

综上所述，目前我国矿用圆环链用钢的现状是：小规格或低级别的链条采用锰钒系列钢（典型的为 25MnV 钢）制造，大规格、高级别的链条采用镍铬钼系列钢（典型的为 54 钢和 023 防腐钢）制造。国外矿用圆环链用钢主要采用锰铬镍钼钢（典型的为 54 钢）制造（023 防腐钢和国外用的专利钢基本上都是在 54 钢的基础上再添加其他合金元素）。

52 钢结合特殊的热处理工艺也可用于生产部分中等规格的 C 级链，且钢材成本低于 54 钢。但国内外 C 级矿用高强度圆环链用钢最多的是德国标准的 54 钢。

1.4.4　25MnV 钢、52 钢、54 钢的化学成分、力学性能及 54 钢交货状态下的金相组织

25MnV 钢的化学成分见表 1-18。25MnV 钢经 880±20℃水淬，370±30℃回火后室温下的力学性能见表 1-19。52 钢和 54 钢的化学成分见表 1-20。德国某钢厂做出了 54 钢的连续冷却转变曲线图和等温转变曲线图，给出了 54 钢的 Ac_1 为 710℃，Ac_3 为 775℃，M_s 为 390℃。52 钢和 54 钢经 880℃水淬，不低于 450℃回火 1h 后室温下的力学性能见表 1-21。

表 1-18　25MnV 钢的化学成分　　（质量分数/%）

C	Si	Mn	S	P	V	Cr	Ni	Mo	Al
0.21~0.28	0.17~0.37	1.20~1.60	≤0.035	≤0.035	0.10~0.20	—	—	—	—

表 1-19　25MnV 钢经热处理后室温下的力学性能

试样毛坯尺寸 /mm	屈服强度（不小于） /N · mm^{-2}	最小抗拉强度 (不小于)/N · mm^{-2}	断后伸长率 (不小于)/%	冷弯试验 180°
15	930	1130	9	$d=a$（热轧材）

注：d 为弯芯直径；a 为材料直径。

表 1-20　52 钢和 54 钢的化学成分　　（质量分数/%）

钢号	C	Si	Mn	P (max)	S (max)	Al (气体)	N (max)	Cr	Cu (max)	Mo	Ni
52	0.20~0.26	≤0.25	1.10~1.40	0.020	0.015	0.025~0.050	0.012	0.4~0.6	0.20	0.2~0.3	0.40~0.70
54	0.20~0.26	≤0.25	1.10~1.40	0.020	0.015	0.025~0.050	0.012	0.4~0.6	0.20	0.5~0.6	0.90~1.10

表 1-21 52 钢和 54 钢经热处理后室温下的力学性能

钢号	产品直径 d/mm					产品直径 d/mm				
	$d\leq10$	$10<d\leq20$	$20<d\leq40$	$40<d\leq63$	$d>63$	$d\leq10$	$10<d\leq20$	$20<d\leq40$	$40<d\leq63$	$d>63$
	屈服强度（min）/$N\cdot mm^{-2}$					抗拉强度（min）/$N\cdot mm^{-2}$				
52	1080	1060	990	—	—	1200	1180	1050	—	—
54	1100	1080	1060	1040	1020	1225	1220	1180	1155	1130

钢号	产品直径 d/mm					破断后的断面收缩率（min）/%	夏比摆锤冲击试验 3 个试样的 V 形缺口平均冲击功值 A_{KV}(min)/J
	$d\leq10$	$10<d\leq20$	$20<d\leq40$	$40<d\leq63$	$d>63$		
	破断后的伸长率（min）/%						
52	12	10	10	—	—	50	60
54	12	10	10	10	10	50	60

注：三个冲击试样中的最小冲击功值不得低于规定值的 70%。

表 1-22 是 52 钢和 54 钢淬透性试验（端淬试验）的硬度值。

表 1-22 52 钢和 54 钢淬透性试验（端淬试验）的洛氏硬度上下限值

钢号	材料号	硬度极限范围	距试样淬火端的距离/mm														
			1.5	3	5	7	9	11	13	15	20	25	30	35	40	45	50
			洛氏硬度（HRC）														
52	1.6541	max	50	50	50	49	48	47	46	45	43	42	40	38	36	34	33
		min	42	40	38	35	33	31	29	27	26	25	—	—	—	—	—
54	1.6758	max	52	52	52	52	52	52	52	51	51	51	51	50	50	50	50
		min	44	43	42	41	40	39	38	37	35	33	32	—	—	—	—

注：端淬试验的热处理条件：正火温度 860~900℃；淬火温度 880±5℃。

从表 1-21 和表 1-22 可看出 54 钢的强度、淬硬性和淬透性都比 52 钢好，伸长率、断面收缩率和冲击值不低于 52 钢，54 钢更适合做大规格链条。当链条直径 $20mm<d\leq40mm$ 时，52 钢的屈服强度和抗拉强度下降较多，所以 52 钢只适宜做小规格或适当规格的高强度圆环链。

54 钢在空气和 H_2S 气体中的断裂韧性试验如图 1-8 所示。

日本产 ϕ26mm54 钢的金相组织如图 1-9 所示。试样横截面经打磨抛光后，用 2%硝酸酒精溶液腐蚀，金相组织为细粒状珠光体+片状珠光体。图 1-10 所示为日本产 54 钢在不同放大倍数下的显微组织。

1.4.5 023 专利防腐链条钢的化学成分、淬透性要求和硬度要求

（1）023 专利防腐链条钢的化学成分见表 1-23。

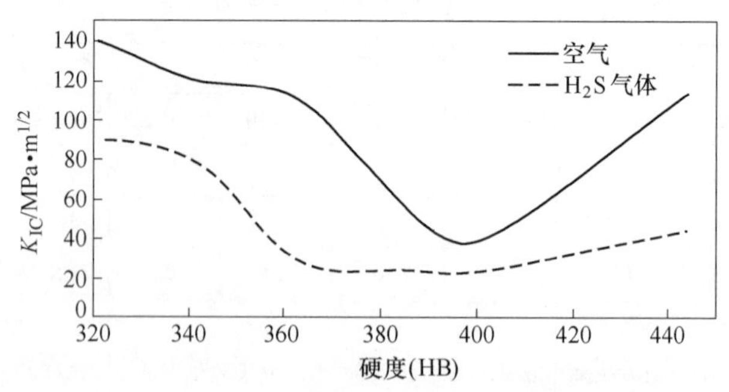

图 1-8　54 钢在空气和 H_2S 气体中的断裂韧性试验

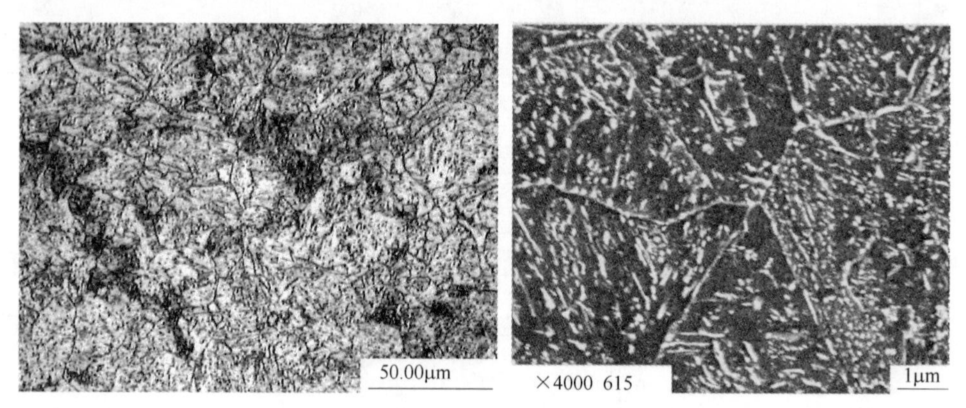

图 1-9　日本产“54”钢的金相组织形态
（细粒状珠光体+片状珠光体）

图 1-10　日本产“54”钢在不同放大倍数下的显微组织

表 1-23　023 专利防腐链条钢的化学成分　　（质量分数/%）

C	Si	Mn	Ni	Cr	Mo	S	P	V	Cu	Al	N
0.20~0.25	≤0.25	0.80~1.00	0.90~1.10	0.40~0.60	0.70~0.80	≤0.015	≤0.015	0.08~0.13	≤0.25	0.025~0.050	≤0.014

续表 1-23

C	Si	Mn	Ni	Cr	Mo	S	P	V	Cu	Al	N
目标值											
0.20~0.23					0.75~0.80	≤0.010	≤0.010				

注：S+P≤0.025%，推荐 S+P≤0.015%。

（2）023 专利防腐链条钢的淬透性要求。

距淬火端 1.5mm 处的硬度，最小应达到 HRC45。

距淬火端 5.0mm 处的硬度，最小应达到 HRC45。

距淬火端 9.0mm 处的硬度，最小应达到 HRC45。

（3）023 专利防腐链条钢原材料的硬度要求。直棒料的最大平均硬度为 HB321。

1.4.6 合金元素在钢中的作用[9~11]

从前述可知，链条钢为优质低合金结构钢，合金元素对钢会产生什么影响？不同的合金元素对钢又会起到什么不同的作用？下面主要说明这两个问题。

合金元素对钢产生的影响，主要有以下几个方面：

（1）对 $Fe-Fe_3C$ 平衡相图的影响。许多合金元素加入钢中后，会使 $Fe-Fe_3C$ 平衡相图的形状发生改变，奥氏体的转变温度也会发生变化。

（2）对 C 曲线的影响（对钢淬透性的影响）。它可使 C 曲线左移或右移，左移使淬透性降低，右移使淬透性增加，大部分合金元素加入钢中都会使淬透性增加。增加或降低淬透性的量是随着加入合金元素的不同和加入数量的不同而变化的。合金元素的加入也会使马氏体的开始转变温度即 M_s 发生变化。

（3）对钢可焊性的影响。合金元素在钢中的加入增加了焊接的难度，高的合金含量可导致焊接裂纹。不同的合金元素对钢可焊性的影响，常用碳当量评价。对电阻对焊和闪光对焊目前还没有系统研究的资料，但可从传统的电弧焊得到一些参考。

含碳量高的钢是比较难焊的，焊后易开裂。在钢中加入其他合金元素也增加了钢焊后开裂的风险。

钢的碳当量计算有不同的计算公式，最典型的是美国推荐的碳当量公式：

$$CE = C + (Mn + Si)/6 + (Cr + Mo + V)/5 + (Cu + Ni)/15$$

公式中没有出现的元素并不意味着它不起作用，只是没有作为成分出现。表 1-24 为钢的碳当量与可焊性的关系。

表 1-24　钢的碳当量与可焊性的关系

碳当量 CE	可焊性	碳当量 CE	可焊性
<0.35	优	0.46~0.50	一般
0.36~0.40	很好	>0.5	差
0.40~0.45	好		

钢中合金元素的加入增加了钢的碳当量。54 钢的碳当量大约在 0.6 或 0.6 以上，虽然闪光对焊与电弧焊条件不同，上表中的范围值可能需要修正，但是焊接时确实需要注意。对于不同的链条钢，可通过碳当量比较，预测可焊性。尤其是对新钢种通过与现有钢种比较，来判断它与现有钢种是否相似，或存在问题。

增加淬透性的元素却会降低可焊性。

另外，在电阻对焊和闪光对焊中，钢中加入合金元素可使钢的热导率、电导率、比热、熔点和硬度发生变化，改变了钢的焊接条件，使焊接产生困难，在焊后冷却时可能会产生硬的组织结构，有开裂的风险。链条的焊接是采用电阻对焊和闪光对焊的，国外某生产链条焊接设备的公司创建了一个可焊性系数公式，即：

$$S = 10^4/(\sigma\lambda T_s)$$

式中　σ——电导率，1/电阻率，$S \cdot m \cdot mm^{-2}$；

λ——热导率，$cal \cdot (cm^2 \cdot ℃)^{-1}$（1cal=4.1868J）；

T_s——熔点。

如果 S 小于 0.25，钢被评价为焊接困难；S 在 0.25 和 0.75 之间为中等；S 在 0.75 和 2.0 之间为良好；S 大于 2.0 为非常好。改变钢的性能，也会对钢的可焊性产生影响。比如，钨比钢难焊，因为钨的熔点比较高。添加少量的合金元素到钢中不会显著改变钢的熔点。为了改善钢的性能，要在钢中增加合金元素，应减少它的含量，这样会对焊接有利。

在电阻焊中，材料低的热导率能使温度上升速度加快，低的电导率（高的电阻率）使电阻产生热，但这些对闪光焊影响较小。电导率和热导率会受到合金元素含量的影响，这个影响是复杂的，取决于这些合金元素之间有什么样的交互作用以及温度的影响（温度提高时，电导率和热导率降低，比热提高）。

碳对电阻率的影响：碳对电阻率的影响见表 1-25。

表 1-25　碳对电阻率的影响

C 的质量分数/%	电阻率/μΩ · cm	C 的质量分数/%	电阻率/μΩ · cm
0	9.8	0.4	16.2
0.2	12.7		

还有人根据不同钢材的一些历史数据，做出了合金元素在室温下对电阻率和热阻率影响程度的简化关系式。

合金元素对电阻率的影响关系式为：

$$\rho = C\Omega(\text{碳的电阻率}) + w(\mathrm{Si}) \times 13.6 + w(\mathrm{Mn}) \times 5.5 + w(\mathrm{P}) \times 11 + w(\mathrm{Cr}) \times 0.6 + w(\mathrm{Ni}) \times 2.5 + w(\mathrm{Mo}) \times 1.0 + w(\mathrm{Ti}) \times 0.5 + w(\mathrm{Al}) \times 11$$

合金元素对热阻率的影响关系式为：

$$1/\lambda = 5.8 + w(\mathrm{C}) \times 1.6 + w(\mathrm{Si}) \times 4.1 + w(\mathrm{Mn}) \times 1.4 + w(\mathrm{P}) \times 5.0 + w(\mathrm{Cr}) \times 0.6 + w(\mathrm{Ni}) \times 1.0 + w(\mathrm{Mo}) \times 0.6$$

以上两式中的合金元素含量均为质量分数。

从上述关系式中可看出钢中的合金元素含量高，它的电阻率和热阻率都高，特别是 Si 影响较大，强碳化物形成元素影响要小一些。

合金元素的增加降低了钢的电导率、热导率。但随着合金含量的增加，当钢快速冷却时，在焊接区有形成硬脆相，导致开裂的风险。另外，还有一些元素像硫、磷容易移到晶界上形成脆性层，也有导致开裂的可能。不良的导热性意味着，一些区域的冷速比另一些快，导致热应力。

（4）对钢回火的影响（对硬度的影响）。它可用在不同温度回火后的硬度评价，合金元素有不同程度的抗回火性，如图 1-11 所示。图 1-11 说明：不同的合金元素对钢在不同温度回火时，对钢的硬度有不同程度的影响。合金元素的含量多少也会对钢在不同温度的回火硬度产生影响。不同的合金元素在增量相同的条件下，对硬度增加的贡献是不一样的。简言之，一个是钢中所含的合金元素，另一个是所含合金元素的数量，都对回火硬度产生影响。

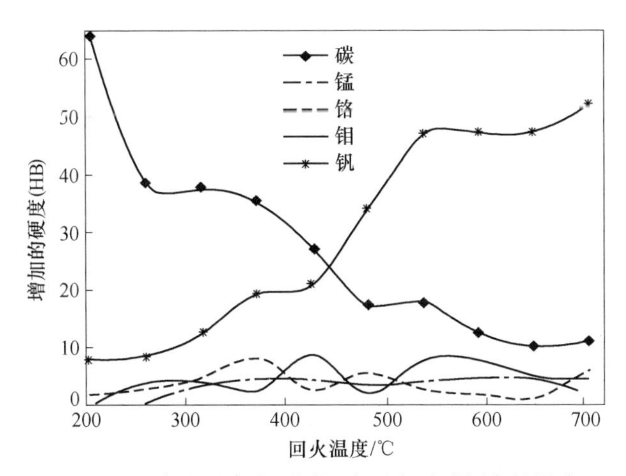

图 1-11 合金元素在不同温度回火时对硬度的影响

（5）对钢冲击韧性的影响。一般用冲击值或脆性转变温度评价。

（6）对钢成本的影响。钢中加入合金元素会使成本增加，在链条钢中，钼、钒、镍、铬都比较贵，特别是钼在上述4种元素中是最贵的。

下面分述单个合金元素在钢中的作用：

（1）碳。在54钢中，碳含量为0.20%~0.26%，对低温回火时提高钢的强度和硬度起主要作用，但含碳量不宜过高或过低，过高将影响钢的焊接性能并降低韧性，过低又会使钢的强度下降。

（2）锰。强烈提高钢的淬透性，可强化铁素体，有抗由硫引起的热脆性，对回火稳定性影响较小。锰含量较高时，有使钢晶粒粗化的倾向，并增加钢的回火脆性的敏感性。锰增加轧制硬度，退火困难。锰含量在1.75%以上时会使钢的偏析和带状组织加重，54钢中锰的上限含量为1.4%。

（3）镍。增加淬火钢的均匀性并且是最有效的韧化元素（没有任何一种其他元素能有这样的正面效果），能改善钢的断裂韧性和有效降低冷脆转化温度，改善钢的抗低温缺口冲击性能，有好的抗疲劳性。对提高淬透性和回火稳定性影响较小。

（4）铬。显著提高钢的淬透性并提高钢的回火稳定性，提高钢的耐磨性和钢的抗氧化、抗腐蚀能力，和镍一起加入钢中会使钢的抗氧化、抗腐蚀能力进一步增强，铬也用在高温使用的钢中。铬是促进回火脆性的元素，在给定的处理条件下回火脆性随铬含量的增多而更显著。铬是一种最普遍使用的合金元素，一般是和其他合金元素配合使用。

（5）钼。对提高淬透性和回火稳定性有显著影响，并能提高钢的热强度，有良好的抗蠕变性和高的红硬性，降低对回火脆性的敏感性。

（6）钒。钒在钢中可细化晶粒，淬火后的含钒钢在加热和回火时有抗软化性，在钢中的含钒量很少时，对回火的反应也是很显著的。25MnV钢的钒含量为0.10%~0.20%，023防腐链条钢的钒含量为0.08%~0.13%。钒对韧性的影响，钒在550℃回火时，会出现二次硬化峰，使冲击强度大幅下降。但在含钒量低于0.1%时，这种现象就不那么明显了。

（7）钨。钨显著提高钢的回火稳定性，在钢中可形成硬的、耐磨的碳化物，钨使钢具有红硬性和热强度。

（8）硅。硅在钢中是一种脱氧剂；硅含量较高时，对电和磁性有重要影响，高硅钢具有高的磁导率和高电阻；硅在低合金钢中有显著的强化作用，一是可提高淬火钢的回火稳定性，二是可产生固溶强化作用。硅改善钢的抗震性，改善钢的抗氧化性，硅含量过低（低于0.1%）时，在感应淬火的碳锰钢中会出现不均匀的氧化物。硅含量较高时会降低钢的韧性，提高第一类回火脆性的温度范围。

（9）铜。铜用在钢中是为改善钢的防腐性能；铜不影响钢的冷延性，但含量达到0.35%以上时，将增加热脆性的风险；铜对焊接性有不利影响，对韧性有害。在 54 钢中铜的最大含量为 0.25%。炼钢时通过选择废钢可降低铜含量，但要增加成本。

(10) 铝。用作细化晶粒和除氧、除氮的净化剂。铝能显著降低应变时效脆性，过量的铝将降低钢的韧性。在 54 钢中铝的含量是 0.02%～0.05%，是适当的。

(11) 硫。硫通常在钢中是作为残留元素存在的，它使钢的疲劳强度、塑性和韧性降低，特别对韧性作用更为明显，对断裂韧性十分有害。对焊接性有不良影响。在增加成本的条件下，硫含量可降到比 DIN 17115 标准中 54 钢要求的更低。当作为元素加入时，可改善钢的切削性。

(12) 磷。磷在钢中是作为杂质元素存在的，磷剧烈降低钢的塑性和冲击韧性，提高钢的脆性转化温度，对断裂韧性有害。增大钢的焊裂敏感性。磷作为元素加入时，可提高钢的强度和在大气中的耐腐蚀性。在易切削钢中适当的磷含量还可提高钢的切削加工性。在链条钢中硫磷都是有害的，硫和磷的含量在 DIN 17115—2012 标准中被严格控制，见表 1-20。在德国 PAS 1061（吊链用 10 级圆环链）标准中，对 10 级链条（强度为 $1000N/mm^2$）用钢的硫、磷含量有更严格的要求（硫、磷的最大含量均为 0.015%，二者之和不超过 0.025%）。

没有真空电弧重熔，磷含量很难降到 0.01% 以下。如果采用真空电弧重熔的方法，成本会成倍增加。

(13) 氮。作为钢中的残留元素存在，可使钢产生应变时效和蓝脆等现象，对延性和可焊性有不利影响。当钢中的残留氮含量较高时，会导致钢宏观组织的疏松，甚至形成气泡。氮在链条钢中的含量是被限制的。氮通过间隙强化对钢的强度有较大影响，氮也可和钒、铝、钛形成弥散的 VN、ALN、TiN 微粒，产生细化晶粒和沉淀强化的作用。

(14) 硼。钢中有效硼的作用主要是增加钢的淬透性，但对韧性不利。根据对含硼 54 钢进行闪光对焊试验表明，该钢闪光对焊的可焊性不好，不宜采用闪光对焊工艺[12]。

锰、镍、钼、铬在钢中的合理配合使用可大大地提高过冷奥氏体的稳定性，从而显著提高钢的淬透性。同时，由于碳、锰、镍、钼、铬在钢中的合理配合经正确的淬、回火后可使钢获得显著的强韧化效果和优良的综合性能。

1.4.7 矿用高强度圆环链用钢的讨论及发展

随着煤炭事业的发展，刮板运输机功率不断增大，矿用高强度圆环链的规格也越来越大，德国矿用高强度圆环链标准 DIN 22252—1983 中链条的最大规格为 ϕ34mm，DIN 22252—2012 标准中链条的最大规格为 ϕ42mm，DIN 22255—2012 标准中链条的最大规格为 ϕ48mm。从链条标准的发展可看出，链条的规格在不断增大，它与实际的链条生产发展是相适应的。而目前，世界上的一些大的链条公司已生产了 ϕ52mm、ϕ56mm 和 ϕ60mm 的矿用高强度圆环链，远远超过了链条标准规定的规格范围，这说明链条规格趋于向大规格方向发展是非常快的。链条用钢也需要适应链条发展的需要，1987 年德国发布 DIN 17115—1987 标准时，54 钢适用的最大规格为 ϕ30mm。2012 年德国发布的 DIN 17115—2012 中，已有了材料直径>63mm 的 54 钢试验数据（见表 1-21）。

由于煤矿生产率的不断提高，对链条性能的要求也越来越高，对 C 级和高于 C 级的更大规格矿用高强度圆环链需求量逐年增多。研制比 54 钢性能更加优越的新钢种是矿用高强度圆环链用钢发展的必然趋势。新钢种要求有好的加工成型性（有合适的交货硬度），良好的焊接性，更高的强度、更高的淬透性和更好的回火稳定性。比如，对大规格链条，经淬火，400℃ 以上温度回火后仍具有非常好的强度、延性等高级别链条的拉伸性能指标和冲击韧性指标（室温冲击韧性和低温冲击韧性）。由于煤矿井下多数存在腐蚀条件，链条钢应具有耐腐蚀性，有较高的抗应力腐蚀裂纹特性（K_{ISCC}），同时还要考虑成本，要有较高的性价比。

我国在研制矿用高强度圆环链用钢方面曾做了大量工作，取得了可喜的成就。

目前，根据链条的不同使用工况条件，在一些大的链条公司已使用了它们需要的专利新钢种，作为特有的材料技术。比如，我国中煤张家口煤矿机械有限责任公司圆环链分厂使用的 023 防腐链条钢，德国 JDT 链条公司研制使用的 HO 钢（含钨合金钢），德国 RUD 公司研制的链条强度可达 1200MPa 的特殊链条钢等，这些新钢种在某些方面都具有比 54 钢更优越的性能。

研制新钢种的力学性能要比现有的标准钢种高，如图 1-12 所示。新钢种多数是在 54 钢的基础上加入一些其他合金元素，另外根据对链条力学性能的不同要求和合金元素在钢中的不同作用，合金元素在钢中的含量会有一些调整，但它们的共同点是多数都含铬、镍、钼，严格限制硫、磷含量，提高钢的纯净度。

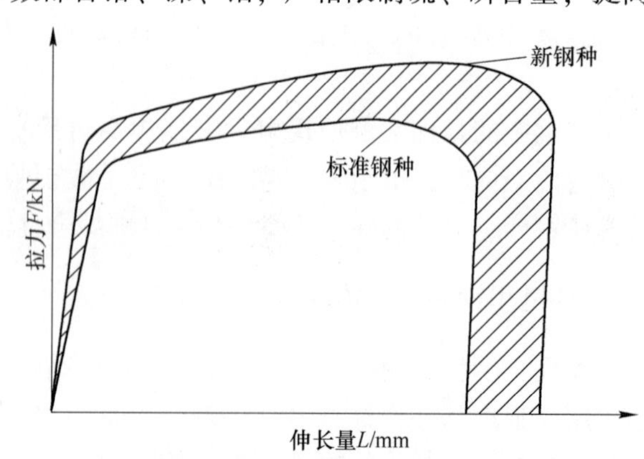

图 1-12　新钢种和标准钢种的力-伸长曲线对比示意图

大规格链条用钢需要具有高的淬透性，较高的强韧性和防腐性。高性能的链条用钢又可使链条的质量级别升级，规格变小，实现轻型化。链条用钢决定着链条的性能，链条的发展在某种意义上取决于链条用钢的发展。

1.5 矿用高强度圆环链的制造

矿用高强度圆环链的制造工艺过程为：备料 —下料—编链（一般情况下22mm 以下直径的材料用冷编，22mm 及其以上直径的材料用热编）— 抛丸—闪光对焊（14mm 以上规格）—初次校正—热处理—性能抽检—最终校正—测长—表面防腐处理—配对—入库，如图 1-13～图 1-20 所示。

图 1-13 将链条用钢在全自动下料机上截成料段

图 1-14 将料段在全自动编链机上编结成圆环链

1.5.1 备料

链条厂订购钢材时要与钢厂签订供货技术协议，提出一些特殊要求，比如要求钢的成分稳定（散差小)，低残留物。对 54 钢要求硫和磷的含量不大于 0.015%，

图 1-15　扁平链的编结

图 1-16　编后链条的抛丸清理

图 1-17　经抛丸的链条在全自动闪光对焊机上焊接

图 1-18 链条热处理

图 1-19 矿用高强度圆环链在校正机上校正

图 1-20 矿用高强度圆环链在 4000kN 材料试验机上做性能试验

二者之和不大于0.025%。目标值是硫和磷的含量不大于0.010%，二者之和不大于0.015%。碳含量的目标范围是0.20%~0.24%。另外，根据制链的工艺要求，运输条件也可对材料的表面质量、硬度、直径公差、长度（直条料）、直线度（直条料）以及每捆（盘条料为每卷）重量提出要求。一致的材料直径有利于保证链环在焊接过程中良好的电极接触和链环的尺寸精度。

按照材料标准和技术协议要求，查看所用钢厂钢材的检验证书并对钢材的外观质量、尺寸、弯曲度、硬度进行检查，同时还要对钢材的化学成分、低倍组织、高倍组织、晶粒度和力学性能进行检查，合格后方可投用。钢中的夹杂物一般都会使钢的断裂韧性 K_{IC} 下降。链条钢在贮存中不得锈蚀。

1.5.2　下料

链条钢在轧制后3天内，不得下料，此时下料易产生裂纹（有氢导致开裂的风险）。下料时环境温度不能太低（不低于-20℃），以防料端出现裂纹。待下料的条料或棒料必须是直的，如果下料后的料段是弯曲的，将给后序的编链带来问题。下料后的料段端面要平坦，不应有凹凸面、斜面或直径方向的塑性变形，且与料长垂直，这样既便于准确地测量料段的长度，又有利于编链时形成规范的对口间隙并为好的对焊焊接质量创造条件。一定要尽量减少下料毛刺。料棒下料尺寸的确定可参考本书1.6节“矿用高强度圆环链的尺寸设计”，首先按参考公式进行计算，然后再经过制链试验调整。严格的下料公差也是非常重要的，它可较好地保持链环尺寸和形状的一致性，有利于稳定链条的制造质量。为保证下料质量，在下料过程中要经常测量和检查料段的长度（用游标卡尺或特制的“通过-不通过”量规测量和检查）和端面情况（端面检查除目视观察端面外，还将下好的料段垂直放在一个平面上，看料段与平面的垂直度来判断端面是否是与料的长度方向垂直的平面）。下好的料段在待编链过程中不得磕碰、损伤和锈蚀。

1.5.3　链条的编结

我国多数链条厂对小规格 ϕ18mm 及以下规格的链条采用冲床进行冷编链，此法虽然简易，但较落后，由于编后的链环是由两个工步完成，一个称为编链，第二个称为合口，两个工步都不能精确控制链环的形状和尺寸。也有厂家采用编链机进行冷编链的，由于编链机编链的成形方法不同于冲床编链，料段是在编链芯轴上横向围成，链环的形状和尺寸容易得到控制。ϕ18mm 以上规格的链条一般都采用热编链机进行编链。热编链机的加热装置多数为电阻加热装置，料段的两端由两个电极夹紧后通电加热，由红外线测温装置测温，当料段加热到工艺规定的温度（一般为820℃左右）后，自动断电，电极松开加热的料段，由送料机构将料段送入编链机构进行编链。用此方法加热，料段两端温度较高，在电极的夹紧力下易产生塑性变形，如因各种原因造成不能按工艺加热，被设备自动甩料后，不能重新加热，只能报废。鉴于此，现在也有热编链机用感应加热的方法加热料段的，效果较好，料段两端在加热时没有塑性变形问题，如果不是料段原因造成的甩料，被甩的料段可重新加热，减少了浪费。另外，感应加热的方法还具有加热速度快，料段氧化少，温度均匀等优点。

链条的编链，首先要保证编链芯轴尺寸按链环设计，与链环尺寸一致。链条在编结过程中要用游标卡尺或特制量规经常检查链环的编结尺寸（包括对口间隙），同时还要检查链环的形状是否合理，有无错口，有无对口中心偏移等。在热状态下测量用特制的“通过-不通过”量规更为方便。要经常检查编链机工装的磨损情况，工装磨损后会造成链环形状改变、对口间隙变小以及错口等质量问题。热编链的料段温度要设定正确，而且稳定、均匀（最理想的是料段全长温度恒定一致，各个料段温度恒定一致），避免各链环出现较大的温度差异，这样有利于保证链环的尺寸精度。除电源、设备对编链温度的稳定性有影响外，链条材料的电阻率也有较大的影响。在编链中，链环形状会随着滚轮的压力而变化，有的链条厂认为编结环对口两侧边部与水平的夹角为6°最好。编链工艺参数是否合理是至关重要的。编链尺寸的确定可参考本书1.6节“矿用高强度圆环链的尺寸设计”，最终还要通过后续各工序的生产检验确定。

在生产中，一般都是先试编几个环，根据编后环的尺寸、形状调整设备和有关参数，使编后的链环达到工艺要求时，再批量生产。

正确的编链尺寸和形状的一致性很重要，特别是对口间隙的一致性更为重要。过大的对口间隙将会导致后续焊接时，焊接温度低，焊接强度变差。对于错误的对口间隙在焊接时采取补救措施，会出现链环宽度或节距的其他问题。链条的编链形状也影响成品链条的力学性能，因为链条的力学性能和链环的形状是有密切关系的。

链条在编链时，特别是在热编链过程中，热的料棒在围着芯轴成型过程中会伸长，沿着链环节距方向测量顶部材料直径，尺寸会变小。在后续的焊接及校正过程中，也会进一步变形（焊接时是由于顶锻工装对链环圆弧顶部的压力，校正则是由于受拉力伸长）。一般变形量多少是有规律的，不正常时应查找原因。顶部圆弧部位的变形使截面积变小，受拉力时应力增加。为克服不足，有的链条厂采用上公差材料，有的制造变截面链条等。

1.5.4 链条的抛丸

编后的链条要进行抛丸，其目的是为了清洁链条表面，使链条在焊接时链环与焊机的电极接触良好，避免产生火花，局部过烧等缺陷。抛丸机有滚筒抛丸机，也有立式连续链条抛丸机，立式连续链条抛丸机应用较普遍。抛丸清理后的链条应见其金属本色，链条表面不允许有弹丸打击后形成的尖锐凹痕，否则应更换新弹丸。抛丸清理后的链条应放在集装箱内，并有可靠的防水、防潮和防锈措施。

1.5.5　链条的焊接

矿用链的焊接一般都采用闪光对焊，设备多数采用液压全自动闪光对焊机，如图 1-17 所示。矿用链闪光对焊的工艺特点是利用链环自身电阻和两个焊接端面的接触电阻快速加热，并使两个端面快速熔化形成液体金属，在压力作用下链环的两个端头挤出液体金属并发生塑性变形从而形成共同晶粒的对焊接头。焊接过程主要经过以下三个阶段：

(1) 脉冲预热。脉冲预热是通过动夹具送进、拉开、再送进、再拉开往复几次，在送进过程中，接口形成短路，即有强大电流通过，产生很大热量，当电流增至一定值后自动拉开，又使接口处于断路状态。此时被加热区域的高温开始扩散，经过一定时间后又开始送进，重复上述动作。这样反复加热—扩散—再加热—再扩散，使接口温度越来越高，并趋于均匀。

(2) 闪光。闪光是进一步加热接口端面，开始时端面上只有个别点接触，电流沿接触点流过，由于接触点的电阻和电流密度都很大，所以迅速加热熔化。熔化的金属形成连接两个端面的过梁，由于过梁中部电流密度最大，又不容易散热，因而把金属加热到沸腾温度，使过梁内产生蒸气，蒸气压力使过梁爆破，金属蒸气和微粒被喷射出来，形成火花。焊接又随着动夹头向前移动，促使过梁不断地产生和爆破，呈现出火花四射的闪光现象。闪光过程就是过梁不断产生和爆破的过程。

闪光的作用主要是加热焊件，并使焊件端面上保持一层液体金属，为顶锻时排除氧化物和污染了的金属创造条件，保护端面，减少氧化，烧掉焊件端面上的脏物及不平处。

闪光必须稳定和激烈，稳定是指闪光应连续不断地进行，中途不得有中断和短路。实践证明，在闪光后期，顶锻之前，如果闪光中断，则端面上的液态金属马上冷却变稠，甚至凝固，顶锻时，氧化物和污染的金属不能排除，在接头中留下氧化夹杂物，使焊接质量恶化。短路会使链环过烧，导致链环报废。

激烈是指单位时间内有相当多的过梁爆破，激烈闪光在闪光后期尤为重要，为的是保持端面的液态金属层，产生良好的保护气氛。

保证稳定、激烈闪光的条件是要有足够的功率，如果功率不足，就难以激发闪光，且易造成闪光短路。另外，必须使动夹头的送进速度等于闪光速度。如果动夹头的送进速度快了易造成短路，慢了易造成断路。

(3) 顶锻。顶锻就是当焊口加热到一定温度后，用高速和较大的力将两端挤压在一起，在压力作用下链环的两个端头发生塑性变形从而形成共同晶粒的对焊接头。

顶锻的主要作用是：封闭闪光间隙以及消除过梁爆破在端面上留下的火坑，挤出端面上的液体金属和氧化物，使洁净的金属紧密接触，使焊口区产生足够的塑性变形，形成交互结晶。

顶锻分两个阶段，第一阶段为有电顶锻，目的是为了使接头得到补充加热，以利于挤出液体金属和塑性变形；第二阶段为无电顶锻。

顶锻的技术参数有顶锻量和顶锻速度，具体如下：

1）顶锻量是指顶锻过程中链环节距的缩短，顶锻量大小会直接影响链环的焊接质量。顶锻量太小，液体金属残留在接口中，易形成缩孔、疏松、裂纹等缺陷。另外没有足够的塑性变形，氧化夹杂物不能充分从焊接端面排出，顶锻量小将降低链条拉伸时的力学性能。顶锻量太大，接头变形量大，会挤出过多的塑性金属，过量顶锻将使焊口的冲击值降低。同时也增加去除接头毛刺的困难。

2）顶锻速度影响液体金属和氧化物的排出，闪光对焊时，一般希望顶锻速度尽量大一些，以便将熔化的金属在凝固前充分挤出，高的顶锻速度会减少高温金属被氧化的风险，从而获得优质的焊接接头。顶锻速度应根据材料的化学成分和物理性能来选择，材料的导电、导热性越好，顶锻速度应越大。

链条闪光对焊的主要工艺参数有：伸出长度（电极间距）、脉冲预热次数、预热电流、环背预热时间、连续闪光电流、闪光时间、顶锻电流、顶锻速度、顶锻量、总送进量等。“伸出长度”对温度分布有较大影响，伸出长度长，加热区宽，温度分布缓降，容易过热，而且顶锻时容易失稳而旁弯。伸出长度太短，加热区很窄，变形困难。一般焊接碳钢的伸出长度为焊接材料直径的0.5~1倍（德国MRP公司曾表明，对KSH/D系列的圆环链闪光对焊机两个电极间的距离约为焊接材料直径的0.8倍）。“总送进量”是链环对口间隙、链环材料在预热和闪光期间的烧化量加顶锻期间的变化量（顶锻量）之和。烧化量和顶锻量之和为链环材料的缩短量，链环对口间隙和烧化量、顶锻量之和为链环节距的缩短量。有的链条制造厂把链条在闪光对焊时预热和闪光的材料烧化量和顶锻量设为等量的，也有将烧化量和顶锻量的比设为1∶2的，要根据焊接质量确定。焊后链环的节距总变化量好的起点是链环材料直径的0.3倍。如果链条在焊接时总送进量不变，加大顶锻量就意味着减少烧化量，导致低焊接温度的过量机械变形，减少顶锻量就意味着加大烧化量，导致高的焊接温度而机械变形很小。根据经验可以找到平衡点。也可以根据试验判断，包括拉伸和冲击试验以及焊接区宏观腐蚀等。图1-21为圆环链闪光对焊工艺参数曲线图。

焊接参数值是否正确是通过试焊链环经热处理后按照链条标准规定做静弯试

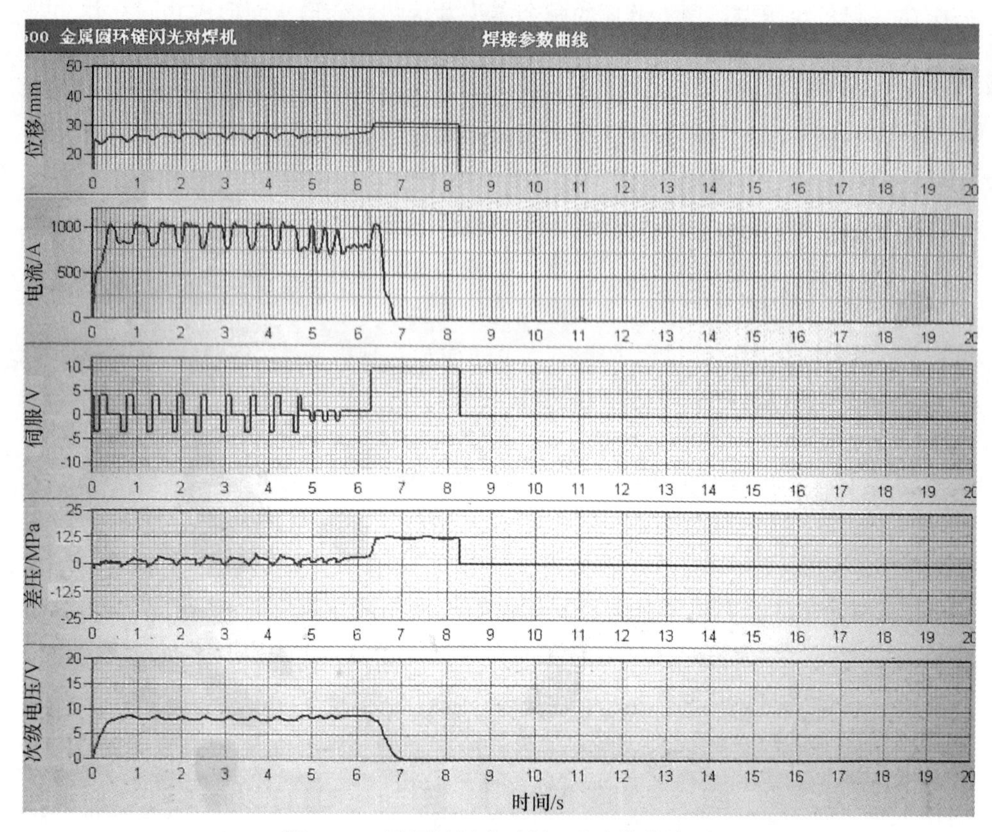

图 1-21　圆环链闪光对焊工艺参数曲线图

验验证的，链环静弯试验合格，链条可以进行焊接，如果静弯试验不合格，就需进行分析，调整焊接参数，直至静弯试验合格才可正式生产。对在静弯试验中焊口开裂的链环，可观察焊口断面，确定失效原因，找出解决办法。下面是由于焊接参数不当，从焊口断面观察到的常见缺陷及产生原因。

（1）深火坑。此缺陷为圆形或椭圆形的坑，尺寸一般为 $\phi1 \sim 3$mm 之间。坑较深的大于 0.5mm，轮廓圆滑、清晰，颜色一般稍暗，深火坑在焊口断面边缘出现的较多，靠电极的一侧往往比较密集。

产生原因：1）由于交流电的趋肤效应，焊接面的边缘电流密度大于心部，在相同的闪光时间内，到达闪光末期时，边缘烧化量大于心部，因总留量相同，烧化量大，顶锻量必然就小，故边缘区域的塑变量小于中心区域，这等于在相同的加热条件下，不适当地减少了顶锻留量，使边缘区域的火坑不可能通过挤压来使它愈合，致使它仍残留在焊缝之中。

2）焊接面的边缘区域容易产生比中心区域大且多的火坑。假定闪光过程是在整个横断面上均匀形成过梁，但因边缘电流密度大于中心的电流密度，在边缘过梁上通过的电流大于中心过梁上流过的电流，因而边缘每个过梁熔化金属量多于中心过梁的熔化金属量。过梁爆破后，边缘区域留下的火坑就比中心区域火坑大而深。这意味着，边缘所需要的顶锻量比中心部大。若整个端面均温不够，就会产生心部挤不动了，边缘火坑还未愈合的现象。因此，要采取多次预热，尽可能地使焊接端面上的温度趋于一致，更好地将焊口压平，消除焊接端面上的深火坑缺陷。

（2）灰斑。肉眼观察焊接断面，可见一种边缘形状极不规则的平滑区域，坑很浅，颜色稍淡，且在焊口上弥散分布，大部分尺寸通常都很小，只有仔细观察才可见。

产生原因：1）焊接接头温度场过于平缓，热区太宽。当预热次数过多，热场分布过于平缓，顶锻量又偏小时，易产生此缺陷。焊口在顶锻末了时，仍具有较高温度，根本不可能将那些液态金属完全挤掉和挤碎。但若将顶锻量增大，可以使它继续进行良好的塑变，挤碎灰斑，使那些过热疏松组织变成致密的良好组织。

2）温度场分布过陡。当预热次数较少时，焊接端面均温不良，闪光不稳定，易产生氧化，使局部过早产生结晶。

（3）氧化、未焊透及过烧。

氧化：焊口有黑斑，这是高温氧化特征。

未焊透：焊口平面发灰色，而且平整，没有发生交互结晶的痕迹。

过烧：断口平面粗糙，在其上可见到反光小晶面。

产生原因：1）氧化和未焊透。由于选择的工艺参数极为不当，闪光过程不是在端面上均匀地进行，“自身保护”作用未建立。有的区域加热快，有的区域加热慢，局部加热到高温的金属暴露在空气中，剧烈氧化，形成一层层氧化层。顶锻时，由于表面没有液态金属层，所以氧化夹杂不能随液态金属挤出，只能将高出的部分压平，所以结合力很弱，在极小的静弯挠度值下即发生断裂。

2）过烧。由闪光到顶锻，虽然表面液态金属带有大量夹杂从焊口被挤出，但因带电顶锻时间过长，输入能量过大，到顶锻结束时，仍有较厚一层过热的液态金属存在，这部分金属冷却时，由于结晶体积收缩，而形成深裂纹。又因液、固相间存在溶质元素的再分配问题，先结晶部分和后结晶部分的成分不同，因而焊缝处不仅成分组织极不均匀，而且应力集中也较严重。

除上述三种焊接常见缺陷外，热区断裂也有发生，有的裂纹源产生于去刺凸台处，然后扩展断裂。有的在靠近焊缝区起裂，然后裂纹扩展断裂。

产生原因：热区组织不好，强度低、韧性差，虽经过热处理，但未能得到改善。去刺凸台处有应力集中易诱发裂纹的产生。

上述是对链环焊接缺陷的一种宏观分析，还有对链环焊接质量的另外一种宏观分析方法，此方法为从焊机取下一个没去毛刺的单环，切去包括焊口部位的为链环直径 3 倍的一段长度，焊缝应位于料段中间，然后加工出与链环平面垂直的纵向切面，加工时用水冷却。轻轻磨掉加工痕迹，然后酸蚀，用眼睛或低倍（5 倍）放大镜对酸蚀试样进行观察，看热影响区的宽度和均匀性，如图 1-22～图 1-26 所示。热区应该稍微有点弯曲，在焊缝两边应一致，热区宽度应该与链环尺寸相符，约和链环直径相等。热区宽度太窄，说明过度顶断、焊接时间过短，功率过低。宽度过大说明顶断不够。中间焊缝宽度必须是细的和均匀的。在焊接中心线上小透镜状的缺陷是特别有害的，说明这些区域未熔合，显示电压过高（火花太强），顶断不够，或是在闪光后期机器反向了。

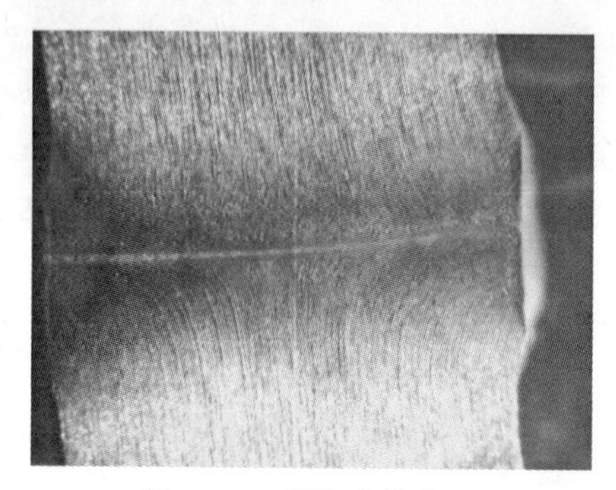

图 1-22　焊接参数合理

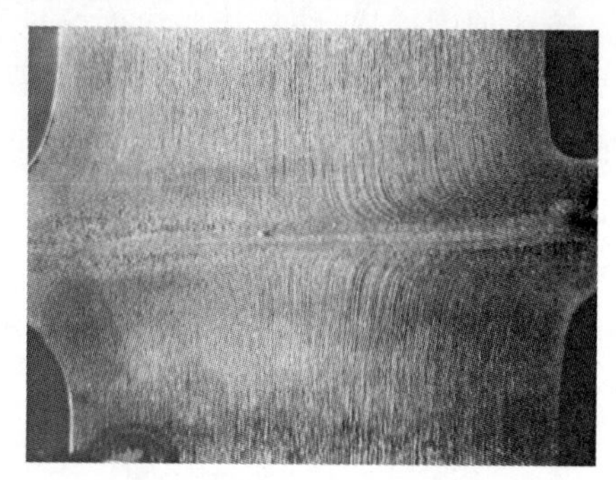

图 1-23　焊缝过粗，顶锻不足

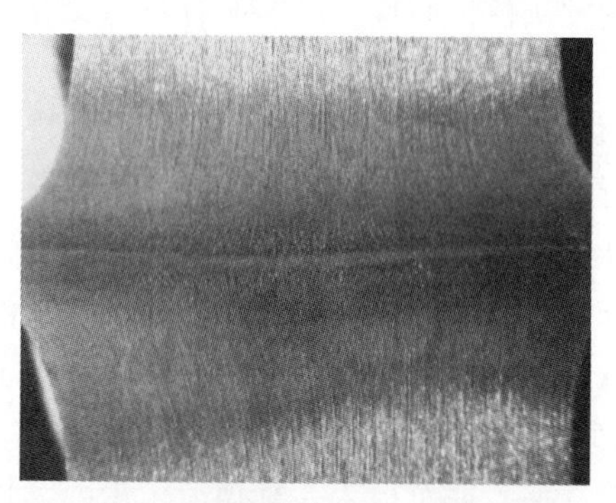

图 1-24　宽的热影响区和焊缝

图 1-25　过度顶锻，严重变形

图 1-26　闪光过度，热影响区狭窄

也可通过对焊接接头加工出的纵向切面进行磨光和腐蚀，观察焊缝两侧的纤维流线，这些流线在焊缝两侧从内到外应该是均匀的，如果流线到达焊缝时与焊缝成45°~60°角，说明焊接参数正确，小于45°角说明顶锻不够。大于60°角说明顶锻太多，或焊接太热。不均匀的角度说明编结或焊接的链环形状有问题。流线的扭结可能是下料的问题或者是焊接时链环在工装中滑动了。

好的焊接在链环焊接后应获得一个好的链环形状，好的顶部圆弧半径，不应有各种错口出现，这些特点有助于使链条获得最佳的拉伸和疲劳强度。链环焊接尺寸的确定可参考本书1.6节“矿用高强度圆环链的尺寸设计”。

焊接去刺刀一定要合适，在焊环去刺时，不能去不干净，也不能切入过深或划伤链环，否则将降低链条的疲劳寿命。

焊机的电极必须有一个最佳的硬度以抗磨损和保持长寿命。但是，硬度也不能太高，否则将使电极和链环的电接触变差。

对焊后的链条要进行逐环外观检查，把带有轻微毛刺和错口的链环进行修磨，把带有严重错口和电极烧伤的链环进行剔除，剔除后要补入新环。补入的新环应与链条其他环的材料牌号相同并为同一熔炼炉号，其焊接前的加工工序及加工设备也相同。同时，还要对链条的焊口直径、内宽、外宽和节距进行分段抽查，对不符合要求的进行剔除和补入。

1.5.6　链条的焊后检查

链条经焊接后，要对外观进行目视检查（包括链环表面缺陷、形状和焊口去刺情况等）、用游标卡尺或“通过-不通过”量规进行尺寸检查。根据用户要求，有时还要对焊接区做磁粉探伤检测。

1.5.7　链条的初次校正

焊后的链条要进行校正处理，即将链条置于校正机上给链条施加一定拉力，使链条伸长一定长度，其目的是使链条得到整形，尺寸得到规范（比如，焊后有的环内宽大或焊后链条的尺寸变化大，通过校正可得到调整）。另一方面，也是对链条焊接质量及材料的一种检验，如有焊接质量不好或有材料缺陷的链环，在校正过程中将产生断裂，生产上可进行修接，将断环去除，补入新环，链条厂习惯上将链条焊后且在热处理前的校正称作初次校正，修接称作一次修接，以区别于热处理后的校正和修接。焊后的链条经过初次校正，就把链条中有焊接质量或有材料缺陷问题的链环进行了剔除。

链条在焊接后和热处理前的校正量确定，一般为焊后尺寸到成品尺寸之间的总拉伸量的20%~30%。当然，初次校正量的确定要考虑随后链条在热处理加热时的伸长，留下适当的最终校正量。

对于大规格链条由于在热处理过程中伸长较多，也有不进行一次校正的，只在热处理后进行最终校正，但最终校正的校正量要小于5%，如果达到5%就需要进行初次校正，否则在链条中会存有大量残余应力，在使用过程中会有产生裂纹的风险。国外有人做过这样的试验，将经过热处理的链条按不同的拉伸量进行拉伸，然后将经不同拉伸量的链环放在 NaCl 溶液中浸泡，发现拉伸量越大的链环裂纹越多，拉伸量为5%的链环的裂纹数甚至是拉伸量为1%的链环的数倍。许多煤矿井下存在腐蚀条件，链条应力太高，在使用中或在井下放置中都容易产生应力腐蚀裂纹。

对 48×152 链条有的链条厂就不进行一次校正，只在热处理后进行最终校正，但最终校正是分两次进行的（两次校正可减少校正工装的疲劳）。只进行最终校正的好处是：

（1）增加了链条的刚性，减少了链条在试验力下的伸长率，改善了工作性能。

（2）对于性能不合格的链条，提供了可再次进行热处理的机会。

1.5.8　链条的一次修接

在圆环链的初次校正中，如有个别环由于种种原因断裂，链条断裂后需要接入一个新环将断链接起来，接入新环的材料和规格因同被接链条一致，应为同一熔炼炉号的材料。其下料长度及公差要求同所接链条一致。首先按编结工艺编结单环，编结的单环尺寸形状要适合后序使用的焊接设备，用专用设备将单环掰开接入链条，然后再将单环回复原状，进行抛丸、焊接、校正处理。

1.5.9　链条的热处理

矿用链条普遍采用连续式中频热处理，加热感应器多为螺线管状，加热时链条从感应器中心连续通过，如图 1-27 和图 1-28 所示。中频热处理加热速度快，效率高，氧化少，质量好，特别适合长链条的生产。链条经中频淬火后，可获得 10 级或更细的奥氏体晶粒度，如图 1-29 所示。

细晶粒和细的热处理组织可提高钢的强度和韧性，还可降低脆性转化温度，对提高链条质量十分有效。

在采用链条中频热处理时要注意加热时链条须处于感应器中心位置，否则链环两直边的加热温度就会不同，距感应器近的一边温度高，另一边温度低，这将影响链条热处理后的力学性能。

随着链条规格越来越大，性能要求越来越高，热处理方法也在不断发展和完善，热处理加热设备除设计有不同功能的感应器外，还有与传统电阻加热方法相

图 1-27 链条连续中频热处理

图 1-28 链条连续感应加热热处理炉

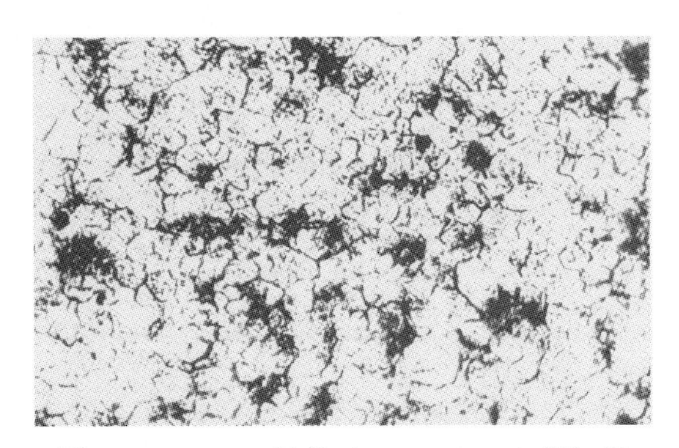

图 1-29 ϕ22mm 链条（23MnNiCrMo64 钢）经中频淬火后的奥氏体晶粒度（10 级，400×）

结合的组合式机床等新型设备（如图 1-30 和图 1-31 所示），使链条热处理后，获得较为理想的实验室力学性能和煤矿井下使用性能。

图 1-30　链条连续热处理生产线

图 1-30 中右边部分为链条中频感应加热热处理炉，链条经中频感应加热淬火后进入回火预热感应器，然后进入电阻加热的转底炉进行均温回火，均温回火后根据需要再进行感应加热的差温回火（链环直臂软化回火）。

图 1-31　链条连续感应加热热处理炉的感应加热部分

图 1-31 为图 1-28 中炉子的感应加热部分。图中左上第一个感应器为淬火预热感应器，其下方的感应器为淬火奥氏体化感应器，淬火奥氏体化感应器下边的一段为均温区。右上第一个感应器为均温回火感应器，其下方的感应器为差温回火（链环直臂软化回火）感应器。每个感应器都是独立电源控制。根据热处理

不同的加热需要，对每个感应器可进行不同的功率分配，频率设定也不同。机床还配有 PLC 系统，使功率与链条尺寸和链条速度相适应。

值得注意的是链条在连续热处理中使用的“牵引链”要与所加工的链条同规格、同材料。

(1) 链条的淬火。链条淬火温度的确定，首先需要知道材料的 Ac_3 温度，有的可在资料上查到，有的链条钢材料的 Ac_3 温度查不到，可以参考经验公式。

以下经验公式来自国外某链条公司（根据钢中化学成分的含量确定）：

$$Ac_3(℃) = 910 - 203w(C^{1/2}) - 15.2w(Ni) + 44.7w(Si) + 104w(V) + 31.5w(Mo)$$

公式中的合金元素的含量为质量分数（%）。感应加热由于加热速度快、时间短，钢的晶粒不易长大，所以加热温度要比传统电阻炉适当高一些，但不能过高，过高会导致韧性下降，过低又会使硬度和强度降低。表 1-26 是不同的感应淬火温度，相同的回火温度对 23MnNiCrMo64 钢 ϕ30mm 链条性能的影响。

表 1-26 不同的感应淬火温度，相同的回火温度对 23MnNiCrMo64 钢 ϕ30mm 链条性能的影响

感应淬火温度/℃	破断负荷/kN	破断伸长率/%	冲击值（V 形缺口）/J			疲劳次数	链环表面硬度			
			检测值	平均值	标准偏差		淬火后(HV)		回火后(HB)	
							圆弧顶部	直边	圆弧顶部	直边
870	1171 1175	17 18	121，120，122	121	1.0	—	—	—	341	347
920	1204 1207	21 22	117，102，110	109.7	7.5	181060 129300	460	491	341	344
940	1098 1169	10※ 18	81，86，73	80	6.6	200130 157170	477	485	350	360
960	1187 1193	19 18	79，97，109	95	15.1	195900 127660	474	480	341	343

注：1. 标※号者为焊口断，其余均为链环圆弧顶部断。疲劳试验的上线应力为 250MPa，下线应力为 50MPa。

2. 23MnNiCrMo64 钢的化学成分为：C：0.2%~0.26%，Mn：1.4%~1.7%，Si：0.15%~0.35%，Cr：0.2%~0.4%，Ni：0.9%~1.10%，Mo：0.4%~0.55%。

图 1-32 是表 1-26 中 ϕ30mm 链条淬火态链环顶部横截面的硬度分布。图 1-33 是该链条回火后链环顶部横截面的硬度分布。

实践证明，对于 54 钢链条，中频淬火温度选 880~920℃ 较好，淬火循环水的入水温度不得超过 25℃，淬火水温最高不得超过 30℃。一般情况下，淬火冷却水下应设置喷水冷却装置，以使链条得到快速冷却。链条速度要合理、稳定，用红外线测温仪测量链条淬火入水前链环直边的温度[13]（如果链条是带有锻造环的扁平链或紧凑链，应检测锻造环直边的温度），红外线测温仪测量的温度，

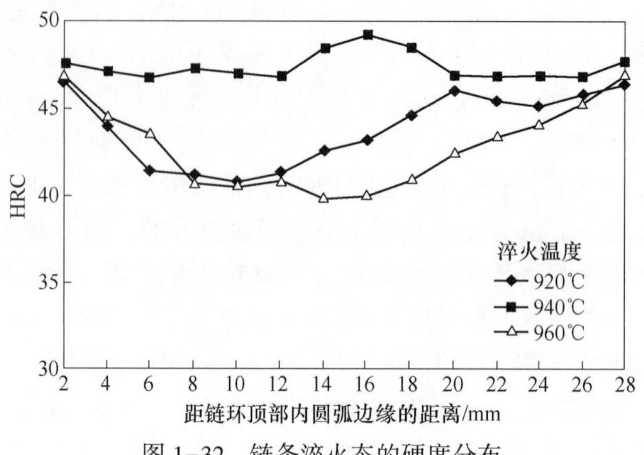

图 1-32　链条淬火态的硬度分布

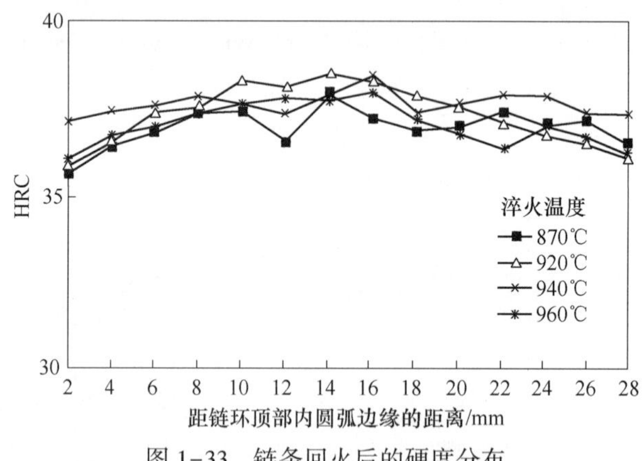

图 1-33　链条回火后的硬度分布

应用其他测温仪或其他方法确认。淬火质量的确定还要与硬度测量相结合，不但整体表面硬度要达到正确值，而且链环表面和心部硬度也应该达到合理一致。根据链环硬度值可检验淬火温度及冷却速度的合理性，还可判断链条材料是否存在问题。要注意观察链条淬火后的伸长，避免多次重复淬火，造成链条伸长太多，一般可重复淬一次火。链条在淬火过程中，淬火温度由于种种原因低于工艺规定值，或因故中断应重新淬火。

对于大规格链条，为了使链条加热均匀，减少链条表面和心部的温差，减少热应力以及表面过热，加热感应器一般由两节组成，一节为预热感应器，另一节为奥氏体化感应器，先使链条预热到居里温度，然后再使链条奥氏体化，有的还要在奥氏体化感应器下面加一个保温装置，在保温装置中链条通过热传导，使温度由高温部分向低温部分扩散，这样链条淬火前的温度就比较均匀了（链条从淬火感应器出来后，链环的顶部温度要比直边部高，经过一段保温后，顶部较高的温度向直边扩散，整个环的温差就很小了），可获得较好的淬火质量。

（2）链条的回火。为了消除链条的淬火应力，链条淬火后应及时回火，一般最长不超过 24h，如果环境温度低间隔时间应更短些。链条的回火有中频回火和传统方式的均温回火，也有两者的结合（称为双热处理）。

链条中频回火时由于加热温度比淬火温度低、时间短，链环直边部位距离感应器较近，感应器产生的中频交变磁场中磁力线密度大，因而链环直边产生的涡流也大，被加热的速度较快，而链环的顶部距感应器较远，加热的速度较慢，在较短的加热时间内，链环直边温度高、肩顶部温度低，这种回火成为差温回火（在淬火加热情况下，由于加热温度高，时间较长链环顶部为链条的搭接部位材料密度大，有利于产生较高热量，其加热温度反而高于直边）[14]。差温回火后链环直边的硬度低，肩顶部硬度高，由于链环的直边部分在使用中会和输送机的溜槽产生摩擦，如果硬度太高在摩擦中局部会产生高热点，这些高热点在快速冷却中很可能会导致显微裂纹，在恶劣的工作条件下，显微裂纹在疲劳机制下长大，直至引起链环直边早期突然脆性断裂。另外，由于直边部分硬度低、塑韧性较好，在链条遇到超载或冲击时产生塑性变形吸收部分应力，使链环肩顶部的应力降低，避免链条断裂。由于链条的强度主要取决于链环肩顶部的强度，链环肩顶部的硬度高、强度高，可使链条承受较高应力，同时也提高了链环间和链环对链轮的耐磨性，延长了链条的使用寿命。由于煤矿井下工况条件复杂，有的存在腐蚀条件，所以链条的硬度不能太高也不能太低，只有合理的差温回火硬度分布才能符合链条的使用工况条件。

链条回火温度的确定取决于链条要求的力学性能，一般采用中、高温回火，温度在 400~650℃之间。

链条中频回火温度指的是差温回火时，红外线测温仪检测的回火感应器出口处链环直边的温度（如果链条是带有锻造环的扁平链或紧凑链，应检测锻造环直边的温度）。中频差温回火时，应保证链环两直边（直臂）的温度一致。链条中频回火后普遍采用水冷。

链条回火后要依据力学性能试验结果对回火温度和回火后的冷却水位进行调整，以达到链环的最佳温度分布和硬度分布，实际上就是通过控制链条的加热温度和热传导，使链条获得最佳的回火组织分布，从而使链条获得最佳的力学性能。在回火中，如果回火温度低了，应重新回火，如果温度高了则需要重新淬火和回火。

在工厂生产中链条的力学性能检验，主要检查三项关键指标，即：试验负荷下的伸长率，破断负荷和破断时的总伸长率。疲劳和冲击试验作为参考，定期检查。按德国标准 DIN 22252—2012 和 DIN 22255—2012，除检查上述性能指标外，还需要检查链条的硬度。

由于链条规格不断增大，中频差温回火时间短，链环肩顶部的应力难以充分消除，在煤矿井下使用，脆性断链事故时有发生。所以对大规格链条的回火，一般采用淬火后先进行均温回火，再进行差温回火，以使链环获得最佳的强韧性，保证安全可靠使用。对于大规格链条，均温回火是针对链环肩顶部的，它使链环肩顶部在回火温度下从表面到心部得到充分回火，在保留强度的情况下，淬火应力得到较好的消除。中频回火则是针对链环直臂的，也称为直臂软化回火，使直臂部的塑韧性大大提高。

均温回火时，一般传统回火炉（包括各区温度都可控制的连续式网带炉、转底炉和井式炉等）的炉温与设定温度的偏差不应超过±10℃，回火时间可根据装炉量或不同的链条规格和不同的回火设备（如图 1-30、图 1-31、图 1-34 和图 1-35所示）采用不同的回火时间。在使用网带炉和转底炉回火时，链条要整齐均布在炉底上，避免重叠、堆积和打折。回火方式也有只进行均温回火的。在连续均温回火的情况下，对于大规格链条，特别是回火温度在 400℃ 以上时，为了提高回火炉的性能，链条一般是先通过一个预热感应器进行预热，然后再进入均温回火炉进行回火，这样可获得较好的回火效果。链条均温回火的温度取决于对链条的硬度要求和其他力学性能要求，在达到性能要求的条件下，为获得较高韧性，回火温度应尽量高一些。目前链条发展的趋势是规格越来越大，回火温度也越来越高。

图 1-34　网带式链条回火炉

图 1-35　悬挂式链条连续回火炉

（3）链条的硬度检查。对链条热处理质量的检验除通过上述的三项性能检验外，链条硬度的检查是一个既简单又快捷的检验方法，一般用布氏硬度（HB）检查，也可用维氏硬度（HV）检查，洛氏硬度用得较少，因为布氏硬度和维氏硬度数值均为3位数，而洛氏硬度值为2位数，因此，布氏硬度和维氏硬度都比洛氏硬度精度高。在德国标准DIN 22252和DIN 22255中规定的链条硬度值均为维氏硬度和布氏硬度。

由于布氏硬度试验机的钢球测试头在测试中与工件的接触面积比维氏和洛氏硬度试验机的测试头大，测量的区域也较大，硬度值的代表性较好，但在高硬度的情况下，不如维氏硬度准确，因为在高硬度下，布氏硬度的钢球压头可能会产生变形。

硬度检测是以标准为依据，经过感应加热差温回火的链条或性能高于C级的链条应按力学性能合格链条链环的硬度分布数值为依据与热处理后的链条硬度对比，来判定链条的热处理质量。当然也可通过分别检查链条淬火和回火后的硬度来判别热处理过程、工艺参数和红外测温仪检测的温度是否正确。硬度检测时，经感应加热差温回火的链条要在每个被检链环的八个不同部位做硬度检查，即链环的两个顶部和两个直边（直臂）的中间位置，四个肩部位置，如图1-36所示。在生产稳定的情况下，可以减少到三个部位即一个顶部、一个肩部和一个直边部。链环肩部位置硬度测试点应与焊接线对称，不同规格链环的肩部位置硬度测试点的参考间距见表1-27（按成品链环尺寸确定）。

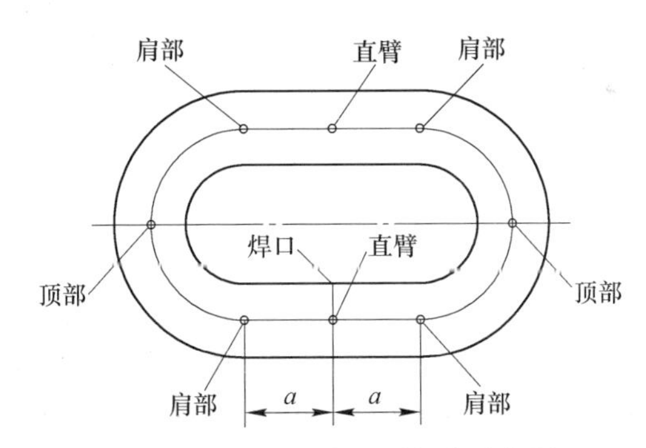

图1-36 链环硬度检测部位示意图

（图中a为肩部位置与焊接线的距离）

表1-27 链环肩部位置硬度测试点的参考间距

链条尺寸/mm×mm	间距$2a$/mm	链条尺寸/mm×mm	间距$2a$/mm
26×92	62	38×137	95
30×108	74	38×146	104
34×126	88	42×137	89
38×126	84	48×152	90

根据生产经验，链条热处理后的硬度见表1-28和表1-29。

表1-28　链条热处理后的硬度（一）

链环热处理后的硬度（HB）				
单热处理（淬火后均温回火）				
链条质量等级和规格	直边		圆弧顶部	
	最低	最高	最低	最高
DIN 22252—2012 圆环链直径 14~42mm	345	385	345	385
防腐钢圆环链直径 34~48mm（破断负荷比C级高10%）	352	375	352	375
DIN 22255 扁平链直径 26~48mm	345	385	345	385

表1-29　链条热处理后的硬度（二）

热处理后硬度（HB）					
双热处理（淬火后均温回火加差温回火）					
链条质量等级和规格	直边		圆弧顶部		肩部
	最低	最高	最低	最高	最高
54钢C级圆环链直径14mm、18mm	302	341	363	429	
54钢C级圆环链直径19~30mm	321	363	363	415	
54钢加强型圆环链直径19~30mm	302	341	415	444	375
54钢加强型圆环链直径34~48mm	302	341	401	444	375

注：1. 19~30mm C级链直边硬度最低为321，最高为363，目标值为352。
2. 加强型圆环链的强度为980N/mm^2。
3. 对于带有锻造环的加强型扁平链、紧凑链的硬度同表中54钢加强型圆环链的硬度，但表中的肩部硬度是指锻造环（立环）的硬度，带有锻造环的加强型扁平链、紧凑链的焊接环肩部硬度最高可到HB388。

在德国DIN 22252—2012圆环链标准和DIN 22255—2012扁平链标准中首次对链条成品作了硬度规定，即链条（破断应力为800N/mm^2）的硬度应在350HV10到390HV10或者345HBW10/3000到385HBW10/3000之间。这是对链条性能要求的补充，实际上这也是对链条强韧性的又一保证条件。链条经热处理后应保证整个链环的硬度都是正确的。

如果链环的硬度过高，虽然链条的屈服点和耐磨性提高，但是它带有较高的残余应力，降低了韧性和抗应力腐蚀的能力。链环硬度过低，达不到链条的强度要求。

链条的硬度和力学性能检验要在热处理后和最终校正前检验，这样对不合格品就留有返修机会。硬度检验不但快捷，而且可节约链条、减少检验成本。合格链条可进行最终校正。用于抽检力学性能的链条样品是经过最终校正，达到成品尺寸后再进行检测的。

(4) 中频热处理设备对链条热处理质量的影响。中频设备性能的优劣也关系到链条的热处理质量，中频电源的功率、频率以及输出功率的稳定性，感应器设计、制作的合理性，链条在淬、回火机床运行速度的稳定性都对链条的质量有着重要影响。如果中频电源的功率太小，链条加热不到淬火温度无法进行热处理或者链条速度过慢，效率太低，不能满足生产需要。功率太大，形成大马拉小车，也不合理。合适的功率选择要依据链条直径、材料、加热温度和生产率确定。频率和加热的透入深度有着十分密切的关系，频率低加热的透入深度深、中频电源产生的噪声大，频率高加热的透入深度浅、加热的速度快、效率高。这需要根据加热链条的直径、加热温度以及材料合理选择中频频率，一般选择范围在2500~15000Hz之间。如果中频电源带有稳压电源，对链条加热温度的稳定性是非常有益的。链条中频感应器的制作要考虑感应器的长度、线圈匝数和内径，依据是链条的直径、外宽尺寸、加热温度、生产率、电感和电容的匹配等。感应器内径一般为链环最大外宽+20mm+线圈绝缘内套的壁厚（10~15mm）×2，链条和感应器内径的最佳匹配最好要通过试验确定。规格小一点的链条也可和规格大一点的链条用同一感应器，比如 ϕ38mm 的链条可以用 ϕ48mm 链条的感应器。链环尺寸相差较大的则需要制作单独的感应器。每节感应器长度约为 1m，组合式的可达 3m。

根据链条热处理的需要，链条中频感应加热炉可做成组合式的连续加热炉，即感应加热和电阻加热的组合，或者均温回火和差温回火的组合，如图 1-30 和图 1-31 所示。如果链条热处理炉设计合理，就能为热处理工艺的实现提供有力保障。

(5) 链条加热温度的检测验证。链条热处理多数采用中频连续热处理，测温采用红外测温仪，无论是便携式的还是固定式的测温仪，对链条的辐射系数的正确设定对测温的准确性是非常重要的。由于使用的波长不同，测试结果就不同。对于便携式红外测温仪可以测试马弗炉中已知温度的一个大链环（或与链条同材料的大钢块，大钢块比链环更好）来确定辐射系数，当然链环（或钢块）要避免过量的氧化皮。辐射系数可以调整到它的显示温度与已知温度一致。设置也可以交叉进行验证，用另外的马弗炉来证实第一个已知温度是否正确。便携式测温仪的辐射系数确定后，又可以用它检验固定式的红外测温仪的测温情况。

1.5.10 链条的最终校正

链条在热处理后还要进行一次校正，称为最终校正。最终校正的目的主要有3个：

(1) 使链条达到标准要求的成品尺寸。

（2）对链条起到形变强化作用。链条经过施加高于屈服点的力进行校正拉伸后会产生加工硬化，即在每个金属晶体中产生一个互锁的位错网络，使链条的硬度提高、屈服点提高。这将满足链条在试验负荷下低伸长率的标准要求。链条经校正拉伸后，会有残余应力，受压应力的区域在经受疲劳载荷时会阻止链环表面小缺陷导致的疲劳裂纹的生长，从而延长链条的疲劳寿命。

（3）对链条的热处理质量、焊接质量、材料质量以及焊后链环形状和尺寸的检验。拉伸载荷的高低预示着热处理工艺和链环尺寸是否正确，如果在低载荷的情况下拉到了成品尺寸，说明链条硬度较低或链环内宽较大或节距较长拉伸量变小等，这将导致链条在试验负荷下的伸长率增大，疲劳寿命降低。高的拉伸载荷则说明链条过硬，使链条的内应力增高，应力腐蚀门槛值 K_{ISCC}降低，在使用中易造成应力腐蚀断裂。德国标准 DIN 22255—2012 明确规定矿用扁平链在热处理后的生产试验力（最终校正力）应符合标准规定的试验力（见表 1-11），最高不得超过标准规定值的 15%。发现拉伸载荷有较大变化时，应采取相应的措施，比如热处理问题可返修、尺寸问题可考虑降级使用等，以确保链条的力学性能达到合格标准。

焊接质量不好的链条在最终校正中会出现断裂。

材料质量包括内在质量和表面质量，如果材料有质量问题，在校正中也有反应。比如，链条校正拉伸后链环尺寸变形会出现不均匀，有的环变形很大，有的环变形又很小，无法对校正设备进行调整等。链条表面有裂纹或损伤在校正时可能由于应力集中引起断裂。

在最终校正中，应随时观察校正力的变化和拉伸链段的尺寸变化，同时还要注意链环肩部有无伤痕，如有伤痕应及时查明原因并排除，如伤痕较大，应进行修磨，修磨处应与周围材料光滑过度，修磨后不得降低链条的力学性能。因肩顶部外侧是链环受拉力时，拉应力最高的部位，如有伤痕易产生应力集中，导致低负荷早期断裂，降低链条的破断力和疲劳寿命。在最终校正中要设定拉伸长度和拉伸力的范围。

1.5.11　链条的二次修接

在圆环链最终校正中，如果有断环，就需要修接，相对热处理前的一次修接，称作二次修接。接入新环的材料和规格因同被接链条一致，应为同一熔炼炉号的材料。其下料长度及公差要求同所接链条一致，首先按编结工艺编结单环，编结的单环尺寸形状要适合后序使用的焊接设备，用专用设备将单环掰开接入链条，然后再将单环回复原状，进行抛丸、焊接、校正、单环热处理和最终校正。单环在热处理后的力学性能要求和其所在链条的其他链环一致。修接单环的质量至关重要，如果质量达不到要求，便成为链条的薄弱环节，因为链条最薄弱链环的质量就是链条的质量。

1.5.12　链条的成品检查

（1）链环数量和表面质量检查。要对每条链的环数进行检查，确认符合工艺规定。由于链环的应力在表面最高，所以链环表面缺陷特别是肩顶部缺陷会对疲劳寿命产生很不利的影响。因此，对最终校正后的成品链条要进行逐环表面质量检查，可以是人工目视检查，也可以用放大镜检查或通过磁粉探伤检查，链环上的小缺陷可进行修磨解决，较大缺陷需要将链环剔除，剔除后要进行单环修接。

（2）材料及热处理质量的检查。用涡流检测仪可对链条缺陷进行检测，比如对链条质量、形状、大小或位置变化的检查，对材料化学成分或晶粒尺寸变化的检查，对材料状态变化的检查，例如热处理状况。链环内部裂纹或类似缺陷的检查，表面硬化链条的表面硬度和表面硬化层深度的检查等。

涡流检测仪检查链条时，将链条置于一个线圈内，通电后连续通过。视频中会出现波形曲线，合格链条的波形曲线是一定的，将要检查链条的波形曲线同合格链条的曲线参数对比，按照制定的对比标准，判定链条的质量。对比标准有临界范围，缺陷超出临界范围后，仪器会报警。图 1-37 为未回火链条的曲线，图 1-38 为未焊接链条的曲线。链条涡流检测的方法目前在国内尚未得到应用。

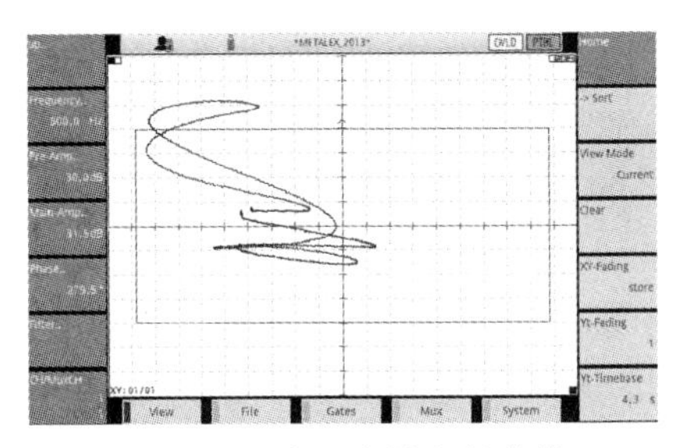

图 1-37　未回火链条的曲线

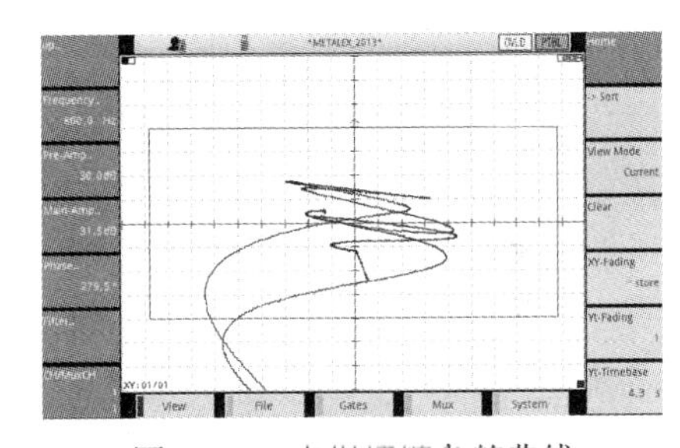

图 1-38　未焊接链条的曲线

1.5.13　链条的测长和配对

链条在最终校正后要进行测长，测长后要进行配对（有的校正机可记录链条校正后的尺寸，从校正机打印出来后，可用作配对时的参考）。链条的配对按链条标准规定的配对长度及偏差进行配对。完成配对的链条应连在一起，配对链条末端应有（油漆）颜色标记（醒目，使视觉识别容易）并附有金属标签，这个标签上应有每条链唯一的识别编号和测量长度，标签上的识别编号与链条上的编号一致。为了保证配对链条在发货、运输、贮存和安装时不出差错，一般情况下，对于长链条一个包装箱只装一对链条。测长和精确的配对对刮板输送机正确使用双链条至关重要，它使两条链受力均匀、载荷均布（如果两条链不匹配，就会造成短链条负荷增加），减少了刮板倾斜、刮卡、断链等故障，增强了链条在高速运行中的可靠性并延长了链条的使用寿命，提高了刮板输送机的工作效率。链条配对使用，最早是由德国某公司实行的，经在煤矿试验，效果很好，奠定了刮板输送机正确使用双链条的基础。一般情况下，链条在测长合格后要进行表面防腐处理，以防链条在贮存和运输中受到腐蚀。

1.6　矿用高强度圆环链的尺寸设计

1.6.1　圆环链的成品尺寸设计

圆环链的成品尺寸见表 1-1 和表 1-2，它们的特性值是链环节距大约为链环材料直径的 3.54 倍，但也不是完全如此，在德国标准 DIN 22252—2012 中提出输送机链条节距首选 3.6×D，即链环节距是链环材料直径的 3.6 倍，取决于能够与链轮合理配合。ϕ22mm 以下规格链环最小内宽为材料直径+3mm，ϕ22mm 及以上规格链环最小内宽为材料直径+4mm，链环的最大外宽基本上是材料直径×2+最小内宽+3mm。这样的尺寸限定了链条在输送机上的工作载荷，尤其是链环的内宽，内宽越大，越易变形，变形大时与链轮不能很好啮合，故其能承受的工作载荷越低。但链环变形可吸收超载或冲击的部分能量，减少了链环顶部的应力，降低了链环顶部断裂的风险。小内宽的链环，对链条的力学性能，尤其是对试验伸长率和疲劳性能都很有利，但内宽太小，链环活动不灵活，易卡滞，降低了链条工作时的安全系数。因为链环尺寸与链条的力学性能有着密切关系，在链条标准规定的范围内合理设计最佳的链环尺寸对提高链条的使用寿命有显著影响。

1.6.2　圆环链制造各工序尺寸的确定

制链各工序尺寸的确定，是根据制链厂的经验，按成品尺寸反推确定，有一定的参考价值，但不是所有链条都适用。

链环的总校正量 S 为链环成品节距 P 的 3.5%，即：$S=P\times0.035$。

焊后节距=$P-(P\times0.035)$。

在最终校正期间链环将变窄，校正后的长链环要比校正前的短链环窄许多。

当 P/D（成品链环节距和直径之比）≈ 3.5 时，$\Delta W/\Delta P$（链环内宽变化量与节距变化量之比）= 0.87。

链环焊后的内宽变化量是 $0.87\times(P\times0.035)$。

焊后内宽：成品最小内宽 a+(成品最大外宽 b-成品最小内宽 $a-2d$)×0.5+0.87×0.035P（这是按成品中公差内宽尺寸计算的，也可按其他成品内宽尺寸计算）。

链条在热处理前初次校正中的尺寸变化，也可用同样方法进行估算，宽度变化可能不是相同的比率（因为 P/D 变了）。P/D 与 $\Delta W/\Delta P$ 的变化关系见表 1-30。

表 1-30 P/D 与 $\Delta W/\Delta P$ 的变化关系

P/D	$\Delta W/\Delta P$	P/D	$\Delta W/\Delta P$
3	0.78	5	1.11
3.5	0.87	6	1.27
4	0.95		

链条在热处理时也会发生尺寸变化，但假定所有的变化都是产生在校正中。

链条在焊接时的尺寸变化和使用的焊机有关，应注意检查链条焊接时的尺寸变化。有的焊机焊后使链环的内宽变窄，也有的焊机焊后使链环的内宽变宽。

以德国 KSH600D 焊机为例，焊后节距与焊接前相比变化为：$0.31\times D$（为了获得一个好的焊接结果，链环在闪光焊时都有一定的烧化量和顶锻量，在电阻焊时为顶锻量，它们都是随着链条的材料直径而变化的，所以焊后的节距变化大小同链条的材料直径有直接关系）。

焊接前的节距为：焊后节距$+0.31\times D$。

焊接后环的中心内宽窄了 3mm，编后内宽（中心部）应为焊后内宽+3mm。

编后中心内宽为：焊后内宽+3mm。

编后冠部内宽可按对口直边上升斜度为 6°计算得出。

编后的对口间隙（链环外口）平均宽度为 $10\%D$，公差为 $\pm4.5\%D$，即最大间隙为 $14.5\%D$，最小间隙为 $5.5\%D$。

通过估计链环在编链和焊接时的变形量，可以计算链环的外长：

$$链环外长 = P(节距) + 2 \times D(直径) - 2 \times 每端变形量$$

链环在热状态下的尺寸为冷态下的尺寸加 1%。

链环料长计算公式如下：传统的计算方法是根据链环编结后的尺寸和理想的几何形状（两个直边和两个标准的半圆端部）进行计算，如图 1-39 所示。

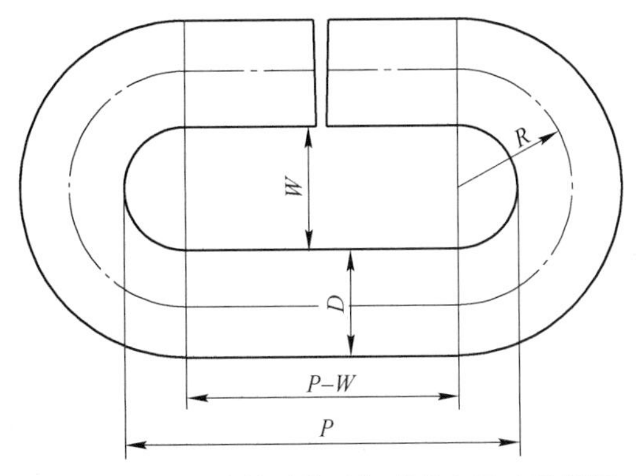

图 1-39 链环编结后的几何形状和尺寸示意图

图中 $R = W/2 + D/2$。

下料长度：　$L = 2(P - W) + 2 \times 3.142(D/2 + W/2)$

$$L = 2P + 3.142D(\text{或 } \pi D) + 1.142W \quad (\text{mm})$$

式中，P 为链环节距；D 为材料直径；W 为链环内宽（中心部）。

这个公式计算结果数据偏大，因为编结环的两个料端中间有间隙（对口间隙），所以将计算结果再乘以 0.96 就比较接近实际料长了。

上述方法没有考虑链环成形过程中冠部周围的变形使材料伸长。有人通过对一些结果做最小二乘法的回归分析，建立了一个替代公式：

$$L = 2P + 2.8D + 1.1W - 2 \times \text{每端变形量} \quad (\text{mm})$$

这个公式的计算结果和上述公式类似。

下料长度公差越小越好，因为编结的链环需要一致的对口间隙，但是下料长度公差会受到下料机精度的制约。有按以下公差范围制定下料长度公差的，即下料长度公差最大为材料直径的±1%。也有将公差定为±0.3mm 的。

所有用公式计算得出的数值，需要根据经验给出合理的公差，公差太小，使用非常困难，公差太大将会失去控制。值得注意的是，上述制链各工序尺寸的确定是和生产条件、使用设备有关的，仅供参考。在生产实践中仍需通过试验和经验正确确定有关工序尺寸。因为链条的加工路线不同、使用的编链设备和焊接设备不同都可导致下料、编链以及焊接尺寸的变化。

1.6.3　紧凑链（扁平链）尺寸的设计

图 1-40 所示为链条和刮板在刮板输送机溜槽上的图示，在实际工作中链条和刮板要通过底槽形成循环，底槽的高度限制了链条立环的外宽尺寸。扁平链和紧凑链就是针对这种情况发展的，从表 1-4 中可看出，扁平链的立环外宽尺寸与下一级链条规格的平环外宽尺寸相同，这意味着在输送机溜槽不变的情况下，可使用大一规格的链条，增加了链条的承载能力。由于立环的直边外侧为平面形状，提高了链条的耐磨性，这些都减少了链条故障的发生，同时也可使输送机的功率加大和溜槽加长。

图 1-40 链条和刮板在刮板输送机溜槽上的图示

1.7 矿用高强度圆环链力学性能的计算

矿用高强度圆环链力学性能的计算（以 C 级链为例）：

$$最小破断力\ BF = (2 \times \pi \times 800 \times d^2) \div (4 \times 1000) \quad (\text{kN})$$

式中，800 为 C 级链的最小破断应力，N/mm²；d 为链条材料直径。即：

2 × 链条材料的截面积 × 链条的最小破断应力

$$BF = 1.257 \times d^2 \quad (\text{kN})(\text{DIN 22252 标准})$$

试验力 $TF = 0.8BF$ （GB/T 12718 标准）

试验力 $TF = 0.75BF$ （DIN 22252 标准）

疲劳试验的上限力 $F_o = 0.393 \times d^2$ （kN）（DIN 22252 标准）

疲劳试验的下限力 $F_u = 0.079 \times d^2$ （kN）（DIN 22252 标准）

试验力 TF 和疲劳试验的上限力 F_o、下限力 F_u 都可以按最小破断力公式将标准所规定的应力值代入进行计算。

1.8 矿用高强度圆环链的使用寿命

制链厂对矿用高强度圆环链的使用寿命指标通常规定有两个，一个为出煤量，目前以百万吨为单位。另一个为使用时间，以年为单位。二者满足之一即视为符合使用寿命规定。

表 1-31 是某链条厂刮板输送机链条质量保证的参考数据。表 1-32 是其转载机链条质量保证的参考数据。

表 1-31 刮板输送机链条质量保证的参考数据

链条尺寸	26mm 双中心链		30mm 双中心链		34mm 双中心链		38mm 双中心链		42mm 双中心链		48mm 双中心链	
安装功率	2×224kW		2×375kW		2×525kW		2×700kW		2×855kW		3×855kW	
出煤量或使用时间	百万吨	年	百万吨	年	百万吨	年	百万吨	年	百万吨	年	百万吨	年
	1	1	1.5	1	2	1	4~6	1	6~8	1	6~8	1

表 1-32　转载机链条质量保证的参考数据

链条尺寸	26mm 中边链		30mm 中边链		34mm 中边链		38mm 中边链	
安装功率	1×200kW		1×300kW		1×375kW		1×375kW	
出煤量或使用时间	百万吨	年	百万吨	年	百万吨	年	百万吨	年
	0.5	0.5	0.75	0.5	1	0.5	2	0.5

现在许多长壁采煤的大煤矿，他们的刮板输送机使用直径为 48mm 的链条，他们希望过煤量达到 1100 万吨，而使用直径为 52mm 的链条，希望过煤量达到 2000 万吨。实际上，上述链条使用寿命是不准确的，因为链条的实际寿命和使用、维护条件以及地质环境条件有关，不同的条件会有不同的寿命。质量保证实际上是与销售有关的商业问题。在正常情况下，真正影响链条使用寿命的有下列主要因素：

（1）输送设备的功率。输送设备的功率越大，链条在工作中承载越大，对链条寿命产生不利影响。

（2）负载。链条的负载大或超载将使链条的寿命降低。

（3）链条速度和拉力。链条速度和拉力大对链条寿命产生不利影响。

（4）链条规格。小规格链条寿命低于同质量级别规格大的链条寿命。

（5）工作环境和磨损情况。腐蚀环境和磨损严重的情况将降低链条的使用寿命。

（6）工作面大小。井下工作面大，链条的使用寿命相对短一些。

链条使用寿命其实就是它的循环次数和磨损寿命，凡是影响这两个参数的因素都会影响链条的使用寿命。链条标准中规定了链条应达到的最低疲劳循环次数，在后面“1.13 矿用高强度圆环链的正确使用和维护”中将介绍链条的磨损报废指标。

链条使用寿命也有根据使用经验，引入了一些参数，进行计算得出。下面的计算方法可供参考。

输送机链条寿命的估算：

（1）链条寿命（依据链条受力情况计算）=（预张紧链条寿命+最大载荷时链条寿命）÷2(h)。

预张紧链条寿命=（4000×链条破断载荷）÷（预张紧力×SF×9.81）　（h）

式中，链条破断载荷的单位是 kN；预张紧力的单位是 t。

$$SF = 7.2 \div K$$

$$K = 移动长度 \div (2 \times 链条速度 \times 2)$$

式中，移动长度的单位为 m；链条速度的单位为 m/min。

最大载荷时链条寿命 =（4000 × 链条破断载荷）÷（最大张力 × SF × 9.81）　（h）

式中，链条破断载荷的单位是 kN；最大张力的单位是 t。

计算举例：链轮中心距32m，移动长度25m，链条直径22mm，链条破断载荷610kN，链条速度20m/min，预张紧力5t，最大张力9t。

经计算 $K=0.313$；$SF=23$。

预张紧链条寿命 = (4000 × 610) ÷ (5 × 23 × 9.81) = 2163(2159)(h)

最大载荷时链条寿命 = (4000 × 610) ÷ (9 × 23 × 9.81) = 1202(1199)(h)

估算的链条寿命 = (2163 + 1202) ÷ 2 = 1682.5(1679)(h)

注：计算结果中括号里的数据是计算机软件计算的结果。

(2) 链条寿命（依据链条磨损情况计算）= $D^3 \times CF \times AF \div (AS \times NH \times WN)$。式中，$D$ 为链条直径，mm；CF 为链条系数；AF 为磨损系数；AS 为链条平均应力，kN；NH 为链条每小时的循环数，n/hr；WN 为每个循环的链轮数，n。

链条质量级别和链条系数见表1-33。

表1-33 链条质量级别和链条系数

链条质量级别/kg·mm^{-2}	链条系数	链条质量级别	链条系数
40，50，60	120	表面硬化0.07d	400
80	200	表面硬化0.10d	1200

注：表中 d 为链条材料直径。

链条磨损介质和磨损系数见表1-34。

表1-34 链条磨损介质和磨损系数

介 质	磨损系数	介 质	磨损系数
润滑	2~6	石灰石，沙子，水泥	0.5~0.8
纯煤，石膏或滑石	2	湿沙子，干石英，花岗岩，焦炭	0.2~0.5
普通煤，石膏	1	湿石英，花岗岩或焦炭	0.1~0.07

计算举例：链条直径为22mm；链条平均应力（一般为最大应力×0.4）为50；链条每小时循环次数为7.2；每个循环的链轮数为2；磨损系数为0.5；链条系数为1200。

$$链条寿命 = D^3 \times CF \times AF \div (AS \times NH \times WN)$$
$$= 10648 \times 1200 \times 0.5 \div (50 \times 7.2 \times 2) = 8873(h)$$

1.9 矿用高强度圆环链的主要失效形式

矿用高强度圆环链的失效形式主要有刮卡、超载、冲击引起的断裂，还有磨损、疲劳断裂、腐蚀疲劳断裂、应力腐蚀断裂等。由刮卡、超载、冲击引起的断裂，断口可以是塑韧性断口，也可以是脆性断口，还可以是脆性和塑韧性都有的混合型断口。

图 1-41 为链条磨损失效后的链环残体。它使链环的节距伸长，不能与链轮正常啮合，易产生冲击甚至断链、脱链等故障，导致输送机不能正常运行。同时由于磨损链条直径减小，受载能力和抗冲击载荷能力降低，也易产生断裂。

疲劳断裂，链条在煤矿井下长期承受疲劳载荷而断裂，如图 1-42 所示。

图 1-41　链条磨损失效后的链环残体

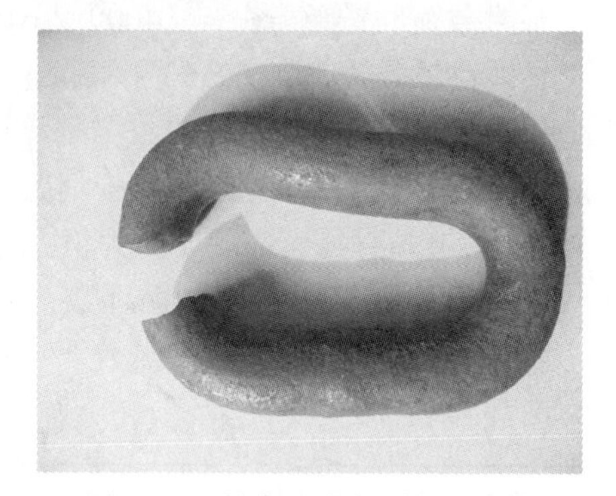

图 1-42　链条疲劳断裂断环残体

腐蚀疲劳断裂，链条在存有腐蚀条件的煤矿井下承受疲劳载荷而早期断裂，如图 1-43 所示。应力腐蚀断裂，存有较高应力的链条在有腐蚀条件的煤矿井下工作时，产生早期脆性断裂，如图 1-44 所示。

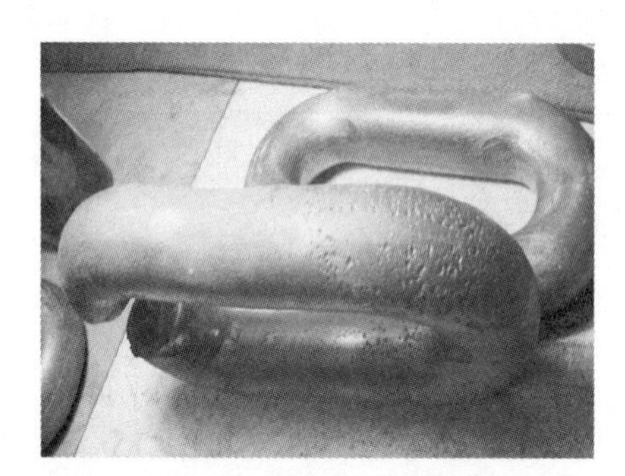

图 1-43　链条腐蚀疲劳断裂断环残体

图 1-44　链条应力腐蚀断裂断环残体

1.10　矿用高强度圆环链的失效分析

对煤矿使用失效的链条要进行失效分析，这对提高产品质量，延长链条的使用寿命是非常必要的。首先要查明链条的使用条件，使用了多长时间，损坏链环在链条中的位置，是平环还是立环，对失效链条或失效环进行外观检查，检查磨损和腐蚀情况，检查链环尺寸和重量，看链环有无明显的伸长或弯曲，是否有外伤，如果有断环，要记录断口位置，仔细观察断口，确定断裂机制，同时还要检查和断环相邻环的尺寸及变化。一般情况下，疲劳断口有疲劳源，疲劳裂纹扩展区和断裂区。腐蚀疲劳断口，裂纹通常起源于一个深的腐蚀坑，可有多条裂纹，但没有分支。裂纹扩展一般为穿晶型，裂纹边缘呈锯齿形。应力腐蚀断口，裂纹较少，通常只有一条主裂纹，但有若干分支。裂纹可以是沿晶界扩展的，也可以是穿过晶粒内部扩展的或者是两种类型的混合型[15]。对断口仔细观察后，要进行拍照或进一步进行扫描电镜分析。然后要对断环做化学成分检验，确认是否符合有关材料标准的规定。对断环做硬度分布检验，检验沿链环圆周的硬度和断口表面（从裂纹源处开始）到中心的硬度（十字交叉互为90°再测一次），对测试结果进行对比分析。还要对材料的低倍、高倍和金相组织进行检验，确认材料疏松、偏析、非金属夹杂物和链条热处理后的金相组织是否符合要求。必要时还应对失效链条做力学性能和冲击试验，链条在使用过程中力学性能在不断下降，尤其是表面磨损后，破断负荷和破断伸长率有较多的下降，长期使用后疲劳寿命也在下降。根据大量的试验数据经验，在正常情况下和非正常情况下，性能下降的程度是不一样的。对使用过的链条做力学性能试验，有可能预测链条的剩余使用寿命，这种方法还在完善发展，目前还不能精确地确定出链条的剩余使用寿命。

综合所有信息写出分析报告。经过多次的失效分析，寻找带有共性的失效形式，研究对质量或使用的改进。

失效原因主要有以下方面：

（1）链条选择错误，规格选小了或链条种类与工矿条件不符。

（2）堵塞、过载。

（3）疲劳。

（4）应力腐蚀。

（5）腐蚀疲劳。

（6）焊接不好。

（7）热处理不好。

（8）链条原材料不好。

（9）链轮有问题。

1.11 矿用高强度圆环链的研究

1.11.1 链环的受力分析

图1-45所示为圆环链在受拉力状态下链环的受力分析简图[16]。由图可以看出：内宽大，α 角就大，在链条拉伸时水平向内的分力 F_3 就大，使链环两边向内收缩的趋势加大。链环在试验负荷下，内宽大的链环伸长较多。链条在试验负荷下的伸长量增大是不希望的，因为链条在低负荷下的伸长会对与链轮的正常啮合造成不利影响。链环的内宽大、顶部圆弧半径大将使链条的试验负荷下的伸长率和破断时的总伸长率增加，因为链条的伸长是由链环的几何形状变形伸长和材

料直径的变形伸长两部分组成，链环的内宽大，它的几何形状变形就大，伸长多。链条在试验负荷下，链环几何形状变形伸长对链条的试验伸长率影响较大，大的链环内宽及顶部圆弧半径使链环容易变形伸长，甚至超标。

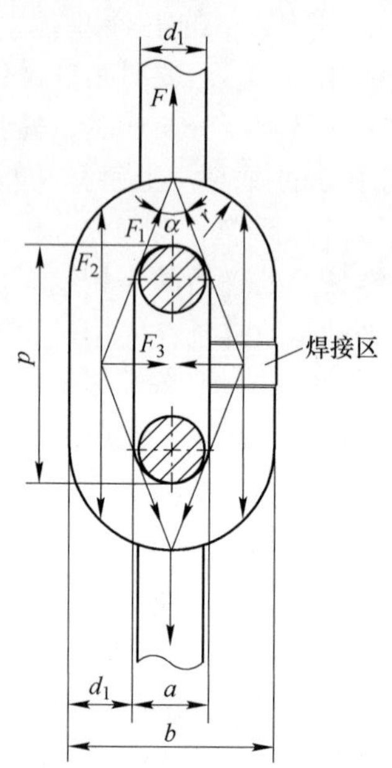

图 1-45　圆环链在受拉力状态下链环的受力分析简图

1.11.2　链环的应力分布

图 1-46 所示为矿用高强度圆环链在拉伸状态下链环的应力分布图[17]。链条在拉力作用下，链环的应力分布非常复杂，由图 1-46 可以看出，链环圆弧外侧

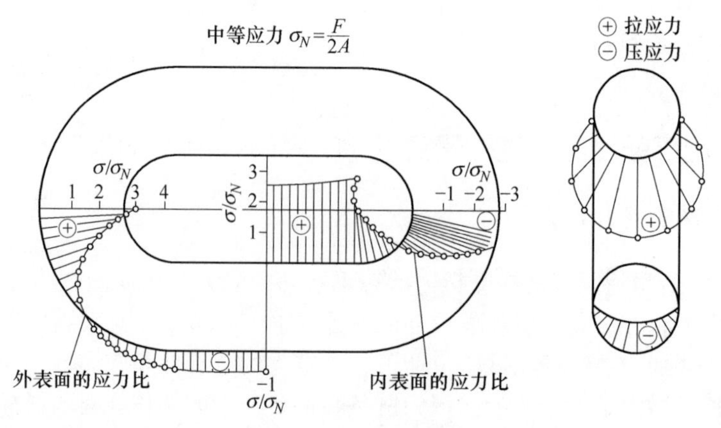

图 1-46　链环在受拉力状态下的应力分布

⊕—拉应力；⊖—压应力；σ_N—平均应力；A—链环材料的截面积

为拉应力，内侧为压应力；链环直边外侧为压应力，内侧为拉应力 ，链环正顶部外侧的拉应力最高，其局部峰值可达平均应力的 4 倍。所以，在这些高的拉应力区，轻微的缺陷和损伤都是至关重要的，有导致链环产生断裂的风险。这些高的拉应力会引起链环局部屈服和伸长，但在压应力区屈服不多。

1.11.3 链环应力的测定方法

链环在拉伸时的应力分布虽然看不到，但有一种简单的方法，通过观察经拉伸试验后的表面硬化链环，可看到受不同应力影响的区域。由于链环的表面硬度高比较脆，在高拉应力区会出现裂纹，在压应力区则没有裂纹。

1.11.4 链环中的残余应力及其测定方法

当链环受到的拉伸载荷释放时，应力将互相作用，拉应力区试图拉伸压应力区，反之亦然。由于受影响材料的载荷和体积不是等量的，所以外力去除后应力区域不能互相抵消，施加拉应力的区域最终带有残余压应力，施加压应力的区域最终带有残余拉应力，即链环的圆弧内侧带有残余拉应力，外侧带有残余压应力。链环直边外侧带有残余拉应力，内侧带有残余压应力。这些残余应力的峰值低于材料的屈服点（如果高于屈服点会产生永久塑性变形）。所以链条在煤矿使用时，由于频繁的疲劳应力、磨损、腐蚀和冲击，裂纹更易从链环的内圆弧处萌生、扩展甚至断裂。

残余应力虽然不能直接看到，但通过用锯条锯一个校正过的链环可以检测到残余应力。在锯切中，锯片经常被链环紧紧地夹住，就像锯切到链环的最后部分。甚至用大功率的砂轮切割机切割，当砂轮片被断裂的环夹住时，砂轮片也会损坏。我们可以用这个方法测量残余应力的强度。

英国 Parsons 链条公司开发了一种使用应变仪（一种小胶带，当它们伸长时，其电阻会变化）测量链环残余应力的方法。把应变仪贴片贴到链环直边环背的中间位置，在距应变仪贴片 10mm 处用锯切割，如图 1-47 所示。随着锯子越锯越深，这个区域的残余应力将获得释放，就可以用应变仪检测到。

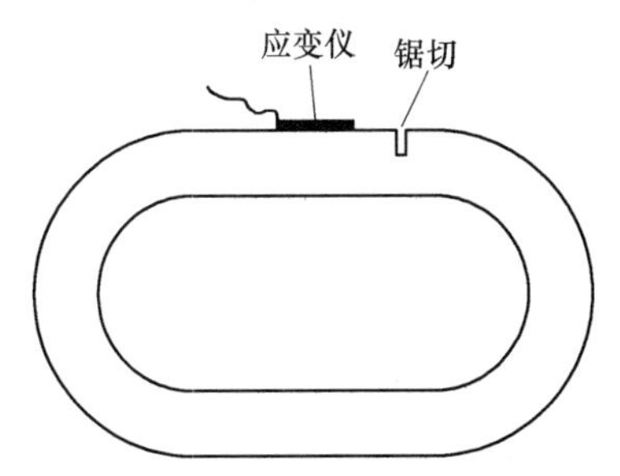

图 1-47 用应变仪测量链环残余应力的方法

图 1-48 所示表明，应变仪的读数与锯切的深度成正比。无论多大的链环，把切割深度等于锯片宽度（约 10mm）标准化，就可以检测、比较不同链环的残余应力了。这种试验还没有一致的标准，如果重新建立，参数可能不同。

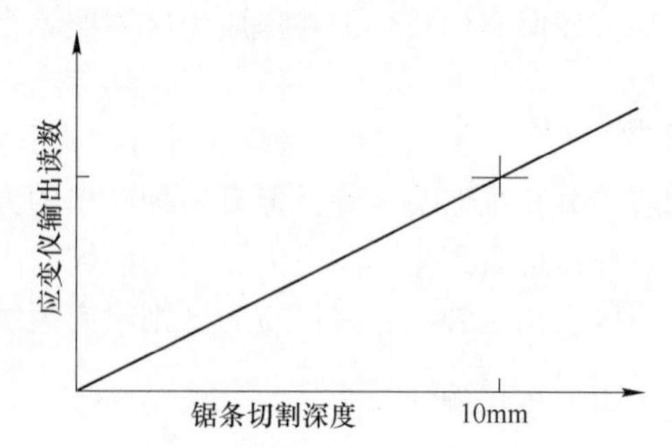

图 1-48　应变仪的输出读数与锯切的深度成正比

图 1-49 显示了不同校正量链环的残余应力，这是从大量不同校正水平的链环中测量出的结果。从图中可以看出，如果校正拉伸量较小，似乎检测不到残余应力。但是当校正拉伸量增加（或者材料本身带有高应力）时，残余应力也在稳定增加。图中是链条校正拉伸量为 7%时的残余应力。

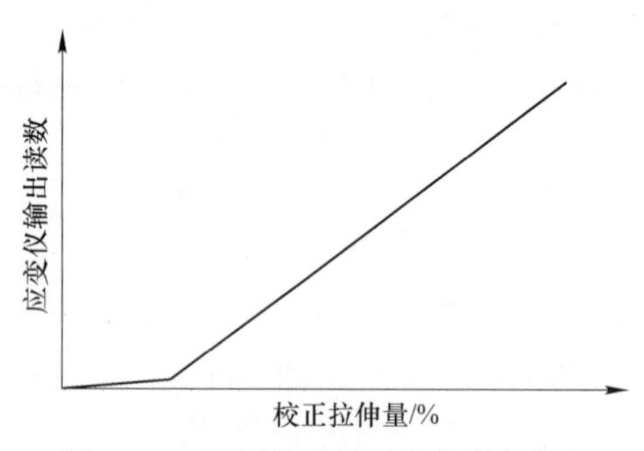

图 1-49　不同校正量链环的残余应力

另一种测量链环残余应力的方法是一种快速的、半量化的方法，由于校正过的高强度链条对腐蚀非常敏感，所以将要测的链环放入装有酸化盐水的桶中 24h，然后取出，清洗。一般可以看到许多长的、短的、深的和浅的裂纹，数一下穿过链环中心线的所有裂纹并把两个直边的裂纹加在一起。这个数字体现了链环中残余应力的水平。这种方法虽然不如应变仪精确，但对于检测数量较多的链环，它的成本低、速度快。一般认为大的、深的裂纹会把链环裂成两半，比大量的小裂纹更危险。

两种方法中链环腐蚀后出现显著裂纹的数量和应变仪方法中的读数之间存有很好的相关性。

其他检测残余应力的方法还有：电子束衍射的方法可以检测晶格中的应力；

用弹-塑性模型进行有限元分析，可以计算残余应力水平，这两种方法对生产工厂都不太实用。

1.11.5 链环残余应力的消除方法

消除或降低链条残余应力效果最明显的方法就是加热，图 1-50 是经过 5%校正（校正前的回火温度为 480℃）的 8 级链条（破断负荷与矿用 C 级链条相同），在加热炉中不同温度加热 1h 的残余应力消除情况。

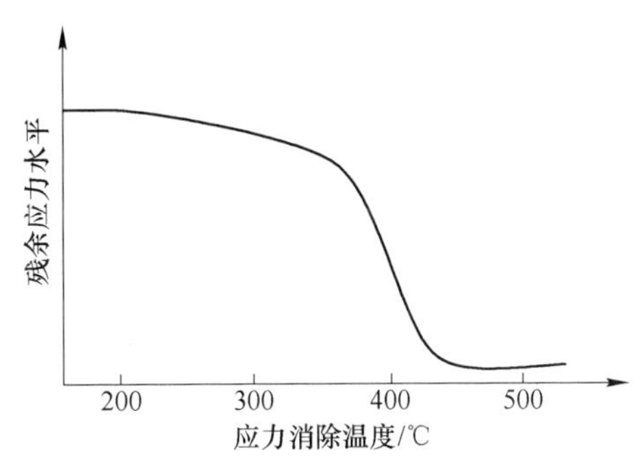

图 1-50 经 5%校正的 8 级链条不同温度加热 1h 的残余应力消除水平

从图 1-50 中可以看出，加热温度低于 400℃，对残余应力的消除是不起作用的，除非加热足够长的时间，而不是 1h。所以，对已经回火的链条，再次在 200℃回火是不实际的。

对经过最终校正的链条不宜再进行低温回火，不但残余应力得不到消除，还会使链条的力学性能降低，尤其是塑性。

残余应力消除仅有的其他方法就是再次充分淬火和回火。

通过低负荷振动的方法也可缓慢地降低残余应力，但是应用在链条上还没有相关报导。

如果过多地降低链条的残余应力，链条的屈服点也会降低，试验负荷下的伸长率会超出标准要求。

1.11.6 链条的疲劳特性及影响疲劳寿命的因素

矿用高强度圆环链在煤矿井下使用中会承受疲劳载荷，链条因疲劳断裂也时有发生。影响链条疲劳寿命的因素很多，不能进行精确的数学分析，有限元分析也无助于估算疲劳寿命。对链条的一个单环，数学分析将显示最高的应力位于肩部，而疲劳失效一般更多的是在顶部。在紧凑链中，拉伸试验中最薄弱的链环是焊接环，但疲劳失效往往发生在锻环上。

疲劳过程一般有 4 个阶段，最初是在材料中形成滑移带，然后这些滑移带连在一起形成微小裂纹，应力高时有许多这样的裂纹，应力低时裂纹则很少。随后就是裂纹的扩展期，试样寿命的大部分时间是在裂纹的扩展期。在扩展期，这些裂纹一起蔓延，裂纹越大扩展越快。当裂纹扩展到临界尺寸，试样断裂。最后断裂部分（裂纹扩展到临界尺寸后的剩余材料）或是由于延性过载，或是由于裂纹导致的脆性断裂（按 Griffiths 理论的思路）。

根据较软材料和较硬的材料的裂纹尺寸和交变应力的关系可知，较软的材料比较硬的材料能容忍较大的裂纹，这是由于较软的材料有较高的断裂韧性。根据失效循环次数和载荷的关系，可获得 S-N 图。如果建立循环次数的对数和应力对数的关系图，图形可变为线性的，可推断拉伸破断应力。图 1-51 则表示在较小应变的条件下，强度高的材料有较高的疲劳抗力。但在较高应变的条件下，韧性好的材料疲劳抗力更好。图中也显示了弹性和塑性强度对全部寿命的贡献，转化点大约在 10^4，虽然区别不是很大，但低于 10^4 较软的钢比较好，高于 10^4 较硬的钢比较好。对于矿用链条，疲劳寿命希望按 DIN 标准试验达到 70000～100000 次，按我国国家标准最低达到 30000 次（疲劳载荷比 DIN 标准高），所以希望选择较硬的链条。图 1-52 是 SAE1045 钢硬度变化对疲劳寿命的影响，与图 1-51 类似。链条在实际使用中，情况是复杂的，应力也是变化的，高应力和低应力的混合存在是有的，早期的高应力会引起裂纹导致早期失效（超负荷），反之则会增加寿命。

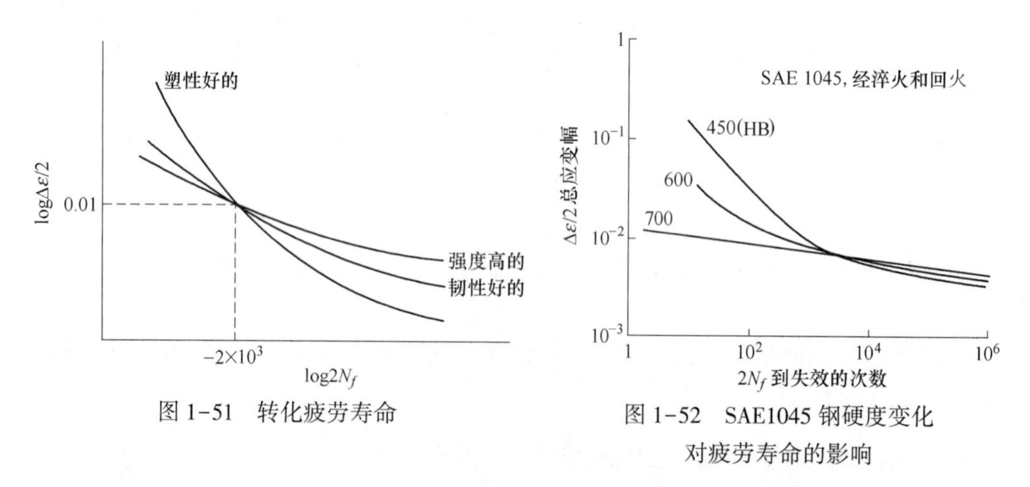

图 1-51　转化疲劳寿命

图 1-52　SAE1045 钢硬度变化对疲劳寿命的影响

应力集中会对疲劳寿命产生重要影响，链环由于弯曲等在表面产生的应力常常是最高的。链环表面的划痕、损伤特别是在链环的冠顶部区域，会降低链条的疲劳寿命。

表面质量不好的钢，或带有裂缝或折叠的棒材；或含有内部缺陷，例如较高非金属夹杂物（氧化物或硫化物）的钢，其疲劳寿命都很低。特别是对硬度较高的钢有显著影响，由于它的韧性较低。

几何尺寸也会对疲劳寿命产生影响，大试样容易含有缺陷区，因此寿命低。

比如特定钢材和硬度的 ϕ22mm 链条的疲劳寿命是 100000 次，用同样钢材等的 ϕ50mm 链条，其疲劳寿命就要低一些。

链环几何形状对疲劳寿命的影响，内宽大的链环比内宽小的链环疲劳寿命低，节距长的链环比节距短的链环疲劳寿命低（链环节距较长的链条拉伸特性也不好），但标准矿用链差别不大。链环的冠部形状对疲劳是非常重要的，链环应有一个光滑均匀的半径，不均匀的形状和半径会使一个区域处于较高应力，降低疲劳寿命。由于链条在编链和焊接中的不慎，在链环冠部圆弧内侧和外侧造成的一些损伤和缺陷都会对疲劳产生不利影响。

链环焊接质量对疲劳寿命的影响，焊口出现疲劳断裂的很少，主要是焊接过程中产生的痕迹，电极压痕、去刺产生的折叠（使链环的应力升高在临近焊口的地方疲劳失效），特别是电极刺伤、烧伤都会引起早期的疲劳失效。错口的链环也会使疲劳寿命降低，特别是和尺寸形状影响相关时。

热处理质量对疲劳寿命的影响，链条热处理后链环整个截面的硬度分布应均匀，软的或硬的心部都将降低疲劳寿命。链条淬火加热温度过高或在高温保温使晶粒粗化，降低疲劳寿命。

链条的硬度也会对疲劳寿命产生显著影响，与对裂纹的敏感度及裂纹生长速率有关，即从裂纹产生到生长再到断裂临界尺寸的周次。

带有硬的冠顶部和软的直边的链条（差温回火的链条）具有较高的疲劳寿命。但硬度有一个上限，整个链环都很硬的链条，疲劳寿命并不是很好。可能这是由于前者软的链环直边在经受疲劳载荷时产生较多的变形，减轻了冠顶部的应力。

链条的冷加工，例如链条的校正拉伸会对链条的疲劳寿命产生较大影响，校正拉伸使链条发生塑性变形，校正拉伸后链环在一些关键区域脱离了显著的拉应力，就像施加了一个压应力，对提高疲劳寿命有利。没有经过校正拉伸的链条疲劳寿命很低，某一定的校正量可使链条的疲劳寿命达到最高值，校正量的最佳值只能通过试验确定。在合理的校正范围内，校正力越高，疲劳寿命越高。链条经过最终校正（热处理后的校正）后，应检查链环上有无细小裂纹，裂纹会对疲劳寿命产生较大的不利影响。

配对链条配对不当，会对链条疲劳寿命产生不利影响。

试验方法对链条的疲劳寿命有很大影响，试验程序必须正确。链条进行疲劳试验时，在疲劳试验机上必须垂直。如果试验按 DIN 标准进行，在疲劳试验前必须按 DIN 标准要求施加试验力。虽然试验力在工厂的链条校正时已经施加，但在疲劳试验前，必须按标准规定的试验力在试验机上施加。

试验机上的链条工装夹具对链条的疲劳寿命也有很大影响，夹具形状不好会对链条试样的端环产生额外的应力，减少链条的疲劳寿命。夹具形状合理正确，链条试样的 3 个环在试验中断裂几率应该一样，如果端环断裂的次数多，应检查试验机工装夹具的合理性。

疲劳试验上、下限应力对链条疲劳寿命有较大影响；在实验室必须按标准做试验，不同的链条标准对链条疲劳试验的上、下限载荷范围有不同的要求，高载荷范围的，疲劳次数少。软的链条可能在低载荷时特性较好，而硬的链条可能在较高载荷下特性较好，但这还需要做大量的调查研究工作。

腐蚀会降低链条的疲劳寿命，链条在地面长期储存或处在轻度腐蚀性水中不动都会造成腐蚀，腐蚀坑是疲劳失效的常见起点。英国焊接研究所对合金钢在空气和海水中进行了疲劳试验，试验数据是 Paris 方程的参数，这些参数与在疲劳寿命的第三和主要阶段中裂纹扩展速率有关。Paris 方程：$da/dn = C(\Delta K)^m$。式中，da/dn 是每个载荷周期裂纹的生长量；ΔK 是应力强度因子范围；C 和 m 是材料因子。

表 1-35 为英国焊接研究所给出的合金钢在空气和海水中进行疲劳试验，Paris 方程中 C 和 m 的数值。

表 1-35　英国焊接研究所给出的合金钢在空气和海水中进行疲劳试验，Paris 方程中 C 和 m 的数值

系数 \ 试验条件	空　气	海　水
C	8.75×10^{-15}	1.1×10^{-13}
m	3.6	3.28

如果按英国矿业研究和开发机构 Gilleland 和 Griffiths 的推断，假设在链条上的应力集中系数与圆钢棒上一个表面裂纹的应力集中系数相同，可得出：

$$K = \sigma\sqrt{\pi(a/q)}$$

式中　q——裂纹形状系数，当 $a/2c = 0.25$ 时，$q = 1.5$；

σ——总应力；

a——裂纹长度。

选择一个载荷和一个开始裂纹尺寸，利用公式就可计算出裂纹在一个载荷周期内的扩展量。然后按新的裂纹尺寸，计算下个周期的裂纹扩展量。在链条做疲劳试验时，可以每 1000 个周次看裂纹的尺寸。知道了延性破坏前最大的裂纹尺寸是多少，就知道当裂纹达到某一尺寸将出现断裂。链条在载荷为 50～250MPa 时，典型的寿命在 100000 次左右，把这个数字代到等式里，满足假设的最初裂纹尺寸大约是 2mm（比实际的要大）。

用同样的方法，代入海水的参数，可以看到裂纹扩展比在空气中快得多，在 62000 次断裂。在不同载荷和不同的初始裂纹条件下重复试验，发现在海水的疲劳寿命大约是在空气中的一半。

另外，也可以尝试计算能够承受检验力或校正力的最大裂纹尺寸，然后看在工作载荷下疲劳周次到多少，裂纹就变得足够大到发生失效，计算出的答案是相当小。答案不是精确值，因为在计算中有很多假设，但有助于展示对问题的总体看法。

煤矿地质条件对链条疲劳寿命的影响；在煤矿开采过程中岩石含量过高会对疲劳寿命产生不利影响。

设置和维护对链条疲劳寿命的影响；正确的链条预张紧会产生最佳的疲劳寿命。过度预张紧将降低链条寿命，预张紧不足会产生链条折叠导致使用寿命缩短。链条与链轮不匹配会对链条疲劳寿命产生不利影响。

1.11.7 矿用高强度圆环链的断裂韧性

为防止链条在煤矿井下出现脆性断裂，断裂韧性值 K_{IC} 和应力腐蚀门槛值 K_{ISCC} 对链条是重要的，特别是 K_{ISCC} 更为重要。国外曾对不同硬度的 54 钢做过断裂韧性试验，获得了一些数据。断裂韧性的试验比较复杂，但一般情况下断裂韧性的变化与相同钢的冲击值相似，较软的钢比较硬的钢断裂韧性高。54 钢断裂韧性与硬度的关系曲线如图 1-8 所示，图 1-53 所示是 54 钢回火温度与硬度和夏比冲击韧性的关系曲线。

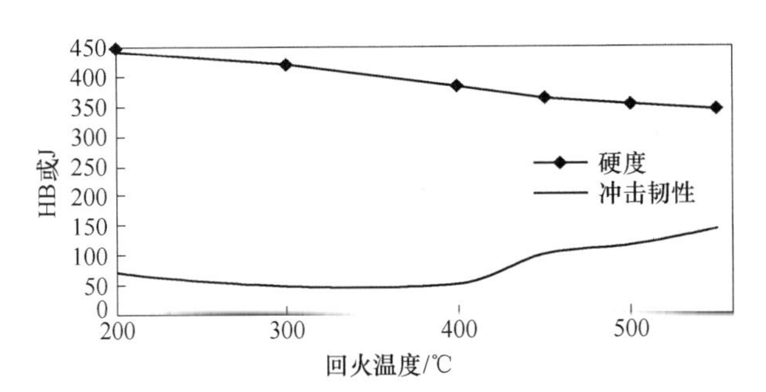

图 1-53 54 钢回火温度与硬度和夏比冲击韧性的关系曲线

有人对断裂韧性和冲击韧性的关系进行了各种尝试，最著名的是 Barsom 和 Rolfe 所做的相关性：

$$K_{IC}^2/E = 2(CVN)^{3/2}$$

这里断裂韧性 K_{IC} 的单位是 $psi(in)^{1/2}$，杨氏模量 E 的单位是 psi，冲击能 CVN 的单位是 ft-lb。其中，$1psi(in)^{1/2} = 1.1MPa \cdot m^{1/2}$。

1.11.8 链条的应力腐蚀

带有较高残余应力的链条在腐蚀环境下是极易损坏的，4 级和 6 级链条（强度为 400MPa 和 630MPa 的链条）基本不受影响，因为它的材料和硬度对应力腐蚀裂纹不敏感。甚至大气腐蚀对 8 级链条（强度为 800MPa）也不会起作用。但经过校正拉伸的 8 级（或更高级别的）链条对由氯化物、硫化物或者强碱引起的腐蚀是非常敏感的，这些腐蚀会使链条表面产生腐蚀坑，当一定的腐蚀环境与带有较高残余应力的链条共同存在时，后果是非常值得注意的。英国帕森斯（Parsons）链条公司曾做过试验，将一个链环放到酸化的盐水中，如果这个环是经过校正拉伸的，而且拉伸量较大（例如 5%），链环就会出现裂纹并且可能在 24h 内四分五裂。腐蚀环境和残余应力共同作用，酸穿透小裂纹或腐蚀坑，残余应力使它们裂开，在此种情况下，链环产生裂纹或开裂不需要外加应力。残余应力的值能够达到材料的屈服点。

矿用高强度圆环链用于煤矿井下，在工作中与水接触，由于井下水是一种电解液，有的井下水中含有较高的氯化物和硫酸盐，成为一种强电解液，链条由合金钢制造，含有不同电位势的合金元素和金相组织，易产生原电池作用，造成电化学腐蚀。链环中作为阳极的合金元素和金相组织被腐蚀，作为阴极的不腐蚀。同时井下空气潮湿，且含有 O_2、H_2S、CO_2 等气体也会对链条产生腐蚀作用[18]。受到化学腐蚀和电化学腐蚀的链环表面（特别是非磨损区）会出现许多麻点（即腐蚀坑），如图 1-54 所示。

图 1-54　在煤矿井下被腐蚀的链环

由于链条带有较高的残余应力，这些应力是多方面造成的，比如，来自在工厂的制造过程（热处理、校正拉伸等），来自煤矿井下安装时的预张紧和工作载荷及短期过载等，当链条在承受疲劳应力和冲击的条件下，在应力较高部位的腐蚀坑下易萌生裂纹，成为链条应力腐蚀和腐蚀疲劳的断裂源。腐蚀坑下的疲劳裂纹开始生长较慢，在腐蚀环境下它们可以生长得很快，直到在链环中发生脆性断裂。对于这种断裂机制 54 钢和其他的一些普通链条钢是不容易避免的，用表面防腐涂层，例如热浸锌等防护时间都不会太长。

随着材料强度的增加，材料应力腐蚀的敏感性也增大。所以在存有腐蚀性环境的矿井中使用的矿用高强度圆环链，硬度不能太高。这就是矿用高强度链条在保证基本强度的情况下采用较高温度充分回火的原因。

1.12 矿用高强度圆环链制链技术的发展[19]

除前述的链条用钢和热处理技术的发展外，矿用高强度圆环链制链技术还有如下发展。

1.12.1 链条规格不断增大

矿用高强度圆环链的发展趋势是向大规格方向发展，如图1-55所示。

随着刮板运输机所安装电动机的功率不断增大，矿用高强度圆环链的规格也随着不断增大，早期的链条规格一般均在 ϕ19mm 以下，现在已发展到了 ϕ56mm 规格，而 ϕ60mm 的链条也有生产。

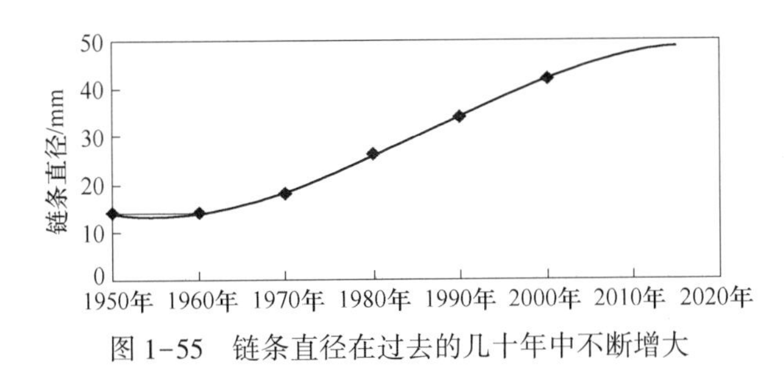

图1-55 链条直径在过去的几十年中不断增大

1.12.2 对链条塑韧性更加重视

在提高链条强度（包括静强度和动态强度，静强度指静拉伸强度，动态强度指疲劳强度）的同时，对链条的塑韧性更加重视，以确保链条在使用中安全、可靠。韧性指标可用夏比冲击值和断裂韧性参数来衡量，链条标准中对链条的韧性是用冲击值考核的，链条达到标准规定的韧性指标，一般是可以阻止显微裂纹长大的，但是如果链条硬度过高，就会存在裂纹扩展的风险，并对震动和冲击载荷较敏感，容易造成脆性断裂。链条在井下工作时，如遇有掉落的大块岩石或大堆的煤或存在严重腐蚀等恶劣的工况下，链条韧性的重要性甚至高于强度。高强度、韧性好的链条使用寿命要比更高强度较低韧性的要长，这已在国内外先进的制链企业中形成共识，并被实践证明。所以链条厂对链条采用的回火温度越来越高，以适当降低强度、硬度，增加韧性。有的制链企业为了降低链条的应力，增加韧性而又要保证链条足够的破断负荷，采用上公差的原材料（增大了链条材料的截面积）或采用新钢种（即新钢种有较高的抗回火性，在采用较高的回火温度回火时，淬火应力大大消除、韧性增加而强度降低不多，仍保持有较高强度）制链。有的制链企业还把链条的破断负荷限制在一定的范围内，以保证链条的安全使用。一些先进的制链企业对生产的链条均制订有高于现行出版标准的生产标准。

1.12.3　链环几何形状的优化

采用先进的制链设备和工艺，使链条获得最佳的形状和尺寸，提高链条的力学性能。因为在生产实践中发现矿用高强度圆环链的力学性能除与原材料、热处理以及校正工艺有关外，还与链环的尺寸和几何形状有着十分密切的关系。由于链环是一种结构件，它的尺寸和几何形状是否合理对矿用高强度圆环链的力学性能将产生显著影响，特别是对链条的试验伸长率、破断伸长率和疲劳寿命影响较大。

链环的内宽大、节距长会使链环在承受拉力时刚性变差，在承受疲劳载荷时弹性变形大，对链环肩顶部产生的力矩大，疲劳寿命降低。

合理的链环形状在承受疲劳拉力时，链环的应力分布较均匀，有利于提高疲劳寿命。在链条的制造过程中特别是在焊接后，链环的几何形状是不规范的，需进行拉伸整形处理，如果在编结和焊接时调整不当或编结和焊接的工装不合理，拉伸整形后链环的几何形状仍得不到改善，使链环的应力分布不均匀，产生应力集中，这将大大降低链条的疲劳寿命。合理改变链环的尺寸和形状将会使矿用高强度圆环链的力学性能得到明显改善和提高。

1.12.4　研制新型结构的链条

由于传统的矿用圆环链其原材料为圆棒料，制成链条后在工作中产生摩擦的接触面很小，理论上链环顶部内圆弧相连处为一点接触，直臂与溜槽中板为线接触。在链条通过链轮时产生弯折，链环顶部内圆弧连接处由于接触面太小极易磨损[20]。高强度高硬度链条其链环直臂与溜槽的中板摩擦时，局部热点出现，快速冷却时易产生马氏体，出现显微裂纹。在恶劣的条件下，大的显微裂纹可通过疲劳机制长大，直到链环发生突然脆性断裂，使链条的使用寿命缩短。而在链条直臂较软的条件下，链条却会出现严重磨损。高强度高硬度链条在煤矿井下的腐蚀环境中会频繁产生腐蚀疲劳断裂。为了改善这种情况，根据链环在使用中的应力分布和煤矿井下长壁采煤中的空间限制，输送机功率增大而溜槽不宜增高的实际情况（溜槽增高会给输送机的装载带来不便，也会造成开采通道积煤不易清理，影响输送机向煤壁方向的前移），改变传统矿用圆环链的链环几何形状和有关尺寸，设计新的链环形状和链条结构形式，提高链条的力学性能，势在必行并已取得了很好的效果。下面是经改变传统矿用圆环链的链环几何形状和有关尺寸的几种新型链条：

（1）扁平链。扁平链（也有称作紧凑链的）是传统标准尺寸焊接圆环和扁平焊接环（链环两直边部分为扁平状）相间的一种矿用链条，如图 1-56 所示。在输送机上传统标准尺寸焊接环用作平环，扁平焊接环用作立环，扁平链的立环外宽比平环小，焊接圆环的尺寸比输送机所配传统圆环链大一个规格等级。德国标准 DIN 22255 中扁平链的规格尺寸见表 1-4。

图 1-56 焊接立环扁平链和锻造立环扁平链

扁平链的使用可使输送机在不改变溜槽尺寸的情况下，使功率升级和溜槽数量增加，提高了输送机的输送能力。据资料[21]介绍由于扁平链的立环外宽比平环的小，在负载情况下其直边与顶部圆弧过渡段的应力比“正常”尺寸的焊接平环小 15%。由于立环直边与运输机溜槽中板为面接触，改善了两种材料间的磨损特性，增加了链条的耐磨性，减少了摩擦裂纹产生的风险，同时也减少了溜槽的磨损。目前扁平链的立环普遍采用锻造环，锻造环的两直边为具有四个圆角的矩形截面，圆弧部位为圆截面。锻造环是一种变截面链环。焊接立环扁平链的优点是链条材料的化学成分保持高度一致，链环尺寸较精确。德国 THIELE 公司生产的扁平链平环也有变截面的，链环顶部直径为正常的标称尺寸，直臂直径小于顶部。他们认为直臂强度是有富余的，直臂和顶部的直径相同是对材料的浪费。采用变截面的平环在保证链条强韧性不降低的条件下，节约了材料，减轻了链条的重量。

(2) 超扁平链。超扁平链是它的立环比标准扁平链立环更扁（外宽更小）的一种矿用刮板机链条。超扁平链可以使现有输送机从普通圆环链规格升级到更大规格，比如用 34mm 圆环链的输送机可用 42mm 的超扁平链代替，使链条的可靠性大大增加，提高了输送机的工作效率。

超扁平链更低的立环高度可使初期张紧的链条在两刮板间处于悬空状态，可有效减少链条直边外侧和中部槽底板链道产生的磨损，减少了溜槽的消耗和设备的能源消耗。提高了链条和中部槽二者的使用寿命。

超扁平链的优化设计的立环结构形状（如图 1-59 所示，立环中间有隔离或支撑结构）可避免和减少堆链引起的链条扭结并提高链条的破断力。立环的特殊结构还增加了刚性，有助于减少链条在使用中的松弛。另外，平环和立环连接部位的较大接触面设计，使环间接触应力降低，提高了链条圆弧部位的耐磨性和使用寿命。

（3）宽带链。现在国外已有链条公司研发出了宽带链，它是由传统的焊接环和扁平的锻造环连接而成，扁平的锻造环像宽的带子围成的环，它比普通扁平链锻造环更厚（链环的三维尺寸除了外长、外宽，另一个为厚度），如图 1-57 所示。

图 1-57　宽带链

宽带链在使用中链环间为两点接触，而不是传统链环间的一点接触，具有降低链环间接触应力的作用，在链条经过链轮时减少了链环间的磨损，增加了耐磨性。实验得出，宽带链和相同规格圆环链由于磨损在节距增加相同长度时，宽带链的使用时间是相同规格圆环链的两倍。宽带链的部分规格尺寸见表 1-36，由表 1-36 可看出扁平锻造环的外宽和节距都比和它相连接的焊接圆环小得多，它在运输机上作为立环除具有扁平链的所有优点外，它的另一个特点是由于锻造环的节距短可使链轮的节圆变小，从而使链轮的直径变小，可进一步降低设备的高度。

表 1-36　宽带链的部分规格尺寸

规格（$d×t$）/mm×mm	焊接环直径/mm		锻造环厚度/mm	节距/mm				宽度/mm			
				焊接环		锻造环		焊接环		锻造环	
								内宽	外宽	内宽	外宽
	d	公差	e	t_1	公差	t_2	公差	b_1(min)	b_2(max)	b_3(min)	b_4(max)
42×128/164	42	±1.5	60	164	±1.2	128	±1.2	72	159	47	99.5
50×146/174	50	±1.5	64	174	±1.2	146	±1.2	76	178	54	116
52×164/176	52	±1.5	74	176	±1.6	164	±1.6	86	194	56	127

部分加强型矿用宽带链的力学性能见表 1-37。

表 1-37 部分加强型矿用宽带链的力学性能

规格 (d×t) /mm×mm	试验负荷/kN	试验伸长率 (max)/%	破断负荷 (min)/kN	破断伸长率 (min)/%	挠度/mm	冲击功 A_{KV}(min)/J
42×128/164	1740	1.6	2500	11	42	50
50×146/174	2350		3400		50	50
52×164/176	2900		3820		52	50

注：疲劳次数≥125000 次（按德国标准试验）。

目前，宽带链的产量在逐步扩大，我国中煤张家口煤矿机械有限责任公司圆环链分厂批量生产的平环直径为 ϕ52mm 的宽带链，在煤矿井下使用取得了良好的效果。

（4）T 级链。由于链条的平环肩部外侧与链轮的链窝存在着滑动磨损和黏着磨损，德国的比塞洛斯（Bucyrus）公司还有一种 T 级链，它的每一个环均为锻造环，链环的肩部外侧呈斜面形状，如图 1-58 所示。这种链条可降低链环肩部与链轮的接触应力，减少磨损，提高链条和链轮的耐磨性，它可以替代传统圆环链用在刨煤机上。

图 1-58 T 级链

（5）F 级链条。由于输送机链条在井下工作一段时间后，链环与链环的圆弧接触部位会产生磨损，链环节距变长，链条也会变长出现松弛，这时容易出现打折、扭结，在运行中与链轮和溜槽产生刮卡、啃伤和严重磨损，造成链条、设备损坏和停产。针对这种情况德国 JDT 链条公司发明了一种新型链条称为 F 级链条，如图 1-59 所示。它是一种扁平链，它具有扁平链的所有优点，它不同的特点是作为立环的锻造环中间有凸起，可有效防止链条扭结。锻造立环带凸起的结构还引用到了宽带链上。后来一些链条公司为了同样目的，制造出多种锻造环，用于扁平链和超扁平链上，如图 1-60～图 1-62 所示。

（6）变截面链条。根据链条拉伸时链环的应力分布（如图 1-46 所示），链环顶部外侧的拉应力最高，其峰值位置的局部应力可达标称应力的 4 倍以上，而

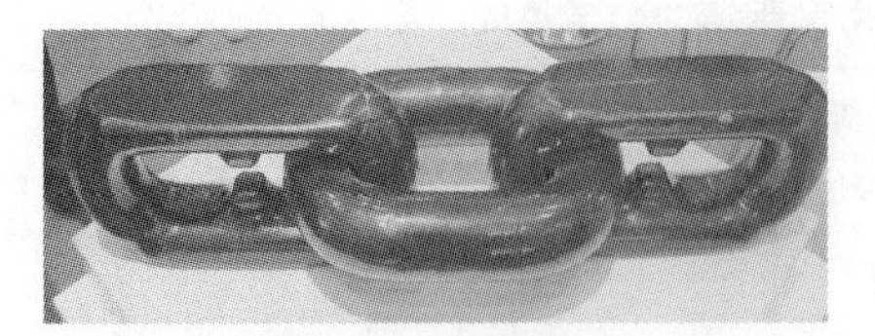

图 1-59　F 级链条

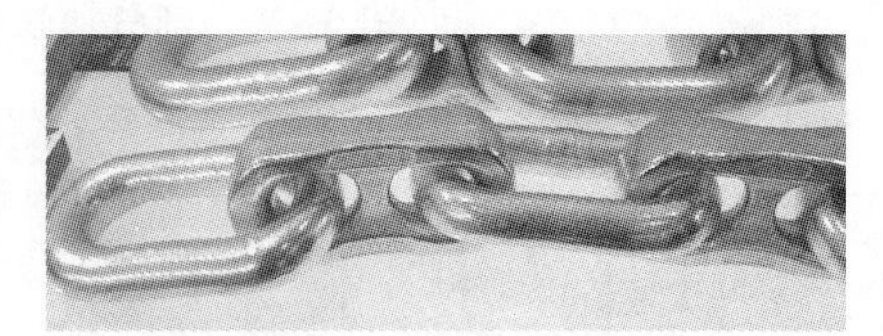

图 1-60　双环型防打扭结构的扁平链锻造环

图 1-61　宽带链锻造环中间为 S 型的防打扭结构

图 1-62　扁平链锻造环中间为 I 型的防打扭结构

直边的应力要比顶部低。德国蒂勒（THIELE）公司生产的“BIG-T”链条（如图 1-60 所示），就是一种变截面链条，焊环和锻环均为变截面环，焊环的直边直径小于公称直径，但并没有降低链条的力学性能，而焊环的重量减少了 15%。也可使与链条连接的刮板在薄弱处增加用料，显著提高刮板的刚度和破断力。

总之，为了在煤矿特定条件下提高矿用圆环链的力学性能，增加输送机的运输能力，在链环的尺寸和几何形状上国外已率先利用计算机技术采用有限元分析的方法对链环进行了优化设计，并取得了很好的效果，打破了矿用圆环链单一的形状和结构形式，使矿用圆环链的形状和结构发生了革命性的变化。新的链条钢种和新的链环形状和结构形式的出现，促使制链技术得到相应的快速发展。人们在设法改进链条的各种特性之外，还对与之相配合的链轮进行了优化设计和改进，使链条的受力条件和应力分布得到改善，同样对提高链条的使用寿命起到积极作用。

1.12.5　防腐钢链条的应用

我国中煤张家口煤矿机械有限责任公司圆环链分厂收购了英国帕森斯链条公司的专利和技术，用防腐链条钢生产大规格高于 C 级的矿用高强度圆环链收到了良好的使用效果，除用于国内各大煤矿外，还出口澳大利亚。从 2008 年开始用防腐链条钢生产矿用高强度圆环链以来，尚未收到防腐链在煤矿井下产生应力腐蚀、腐蚀疲劳断裂的报告，此钢曾获得美国和澳大利亚专利。图 1-63 所示为防腐钢 023 和 54 钢应力腐蚀抗力和硬度的对比。

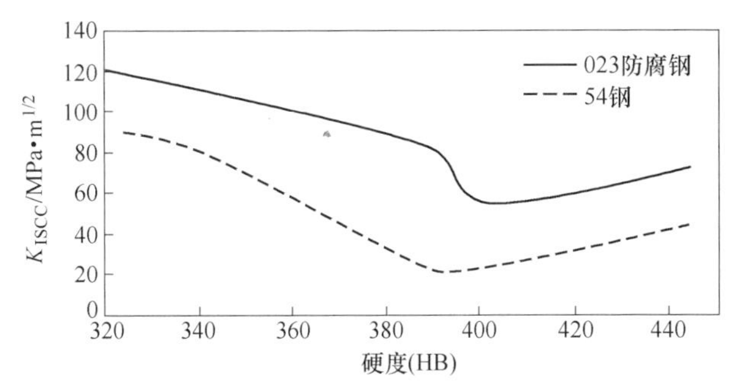

图 1-63　防腐钢 023 和 54 钢应力腐蚀抗力和硬度的对比

用防腐钢制作的链条不但具有较好的防应力腐蚀性能而且还具有较高的强度和其他力学性能。表 1-38 为部分矿用高强度防腐圆环链的力学性能，表 1-39 为我国国家标准 GB/T 12718—2009 中与表 1-38 相同规格矿用高强度 C 级圆环链的力学性能。

表 1-38　部分矿用高强度防腐圆环链的力学性能

链条规格 (d×t) /mm×mm	试验负荷 /kN	试验负荷下的最大伸长率 /%	最小破断负荷 /kN	破断时的最小总伸长率 /%	最小试验挠度 /mm	最大工作力 /kN	最小疲劳循环次数（按德国 DIN 22252—2012 标准试验，疲劳上限应力为 250N/mm^2，下限应力为 50N/mm^2）
30×108	848(848)	1.6(1.6)	1240(1130)	14(14)	30(30)	777(707)	125000(70000)
34×126	1090(1090)		1600(1450)		34(34)	1000(907)	
38×137	1360(1360)		2000(1820)		38(38)	1250(1130)	

注：括号中的数据为德国 DIN 22252—2012 标准规定的矿用圆环链指标。

表 1-39　GB/T 12718—2009 标准部分矿用高强度 C 级圆环链的力学性能

链条规格 (d×t) /mm×mm	试验负荷 /kN	试验负荷下的最大伸长率 /%	最小破断负荷 /kN	破断时的最小总伸长率 /%	最小试验挠度 /mm	最小疲劳循环次数（按国家标准 GB/T 12718—2009，疲劳试验时的上限应力为 330N/mm^2，下限应力为 50N/mm^2）
30×108	900	1.6	1130	12	24	30000
34×126	1160		1450		30	
38×137	1450		1810		34	

从表中可看出防腐钢制矿用高强度圆环链的最小破断负荷比我国 GB/T 12718 标准 C 级和德国 DIN 22252 标准链条高 10%，破断时的最小总伸长率和最小试验挠度均明显高于国家标准 GB/T 12718 中的 C 级链，最小疲劳循环次数比 DIN 22252 标准高出约 78%。防腐钢制链条不因为磨损而改变它的抗应力腐蚀特性。防腐钢与国际上常用的 54 钢化学成分不同，而是在 54 钢的基础上对合金元素的含量进行了调整并加入了 V 元素，使钢具有较高的抗回火性，链条可在较高的温度回火（这是它提高 K_{ISCC} 的主要原因，如果在低温回火情况就不同了），使链条的淬火应力大大降低，在保持链条强度高于 C 级的条件下，韧性提高，这就使得链条产生应力腐蚀断裂的几率减少，甚至为零。因为造成链条应力腐蚀断裂的条件为应力加腐蚀，二者的共同作用导致了应力腐蚀断裂。煤矿井下的腐蚀条件属自然条件不易改变，采用新钢种加正确的热处理可降低链条的应力则可防止应力腐蚀断裂的发生。防腐链条钢解决了高强度链条在腐蚀条件下的安全工作问题，从而可使链条规格变小，重量变轻。

1.12.6　热浸锌链条的应用

对链条进行热浸锌，可使链条免于腐蚀。由于锌在干燥空气中不易变化，而在潮湿的空气中，表面能生成一种很稳定的保护薄膜，这种薄膜能有效保护内部不再受到腐蚀。由于磨损或其他原因，使镀层发生破坏而露出不太大的钢基时，锌与钢基体形成微电池，使钢基体成为阴极而受到保护。但是表面防腐层被大量磨掉后，防腐性能降低或失去防腐作用。同时由于链条表面有涂层，改变了链条在承受拉伸时链环间接触区的摩擦特性，将导致链条的破断负荷和破断伸长率降低。如果因表面处理工艺原因使链条受热，也将使链条的力学性能降低。

1.12.7　智能型链条的研制

德国的链条公司已经研制智能型链条，这种链条可将链条承受的拉力显示和记录，超载时可使输送机停机，以保护链条和输送机。

综上所述，矿用高强度圆环链的发展趋势基本上是向大规格、新材料、新结构和智能化方向发展。

1.13　矿用高强度圆环链的正确使用和维护

矿用高强度圆环链使用寿命的提高是一个系统工程，除了提高链条的制造质量之外，对矿用高强度圆环链的正确使用和维护也是保证链条高寿命的一个重要条件。

1.13.1　正确选择链条并配对使用、合理安装

首先要根据煤矿工作面的需要选择合适的链条规格和质量级别，以避免链条

超载和早期失效。新链条装配要准备好配对链条、带有连接附件的刮板和接链环。

目前，链条在刮板输送机上多为双链条使用，即边双链或中心双链或介于二者之间的双链，为了使链条承载均衡，避免应力集中，延长链条的使用寿命，链条在输送机上安装时必须配对安装[22]，链条的精确配对对于输送机的顺利运行至关重要。配好对的链条不得分开使用，链条安装时，根据链条生产厂提供的链条长度，配对链条中较长的一条应与下一组配对链条中较短的一条连接，按此规则依次组装，这将保证链条两边公差最小化以及在刮板输送机最初启动时链条张紧力得到有效控制。

一般情况下，链条组装时圆环链的端环为立环，接链环为平环，扁平链的端环为平环，接链环为立环，这是由接链环的结构和尺寸决定的。上述连接方法有利于链条的安全运行。将刮板正确地安装到配对链条的平环上，在刮板装配前，链条不得扭曲。大多数刮板需要按输送方向安装。安装中心双链系统的刮板典型的做法是用螺栓、螺母和横梁将链条和刮板连接在一起，螺栓被限制在横梁里（也有用 E 形螺栓和螺母将链条和刮板连接在一起的）。应按输送机厂家的要求对螺母施加正确的力矩并交叉拧紧，力矩过大会减少螺栓的疲劳寿命，过小会导致横梁移动，也会导致早期失效。保证刮板同链条垂直和刮板在中部槽中的稳定性，连接刮板和链条时应特别注意防止隙间腐蚀影响位于刮板内的链环。通过保证链条的松配合（刮板和链条之间有空隙）可有效防止隙间腐蚀。允许刮板和链条之间的相对运动可防止腐蚀坑的形成并当刮板和链轮受到越来越多的磨损时对链条的运行有益。

刮板之间的距离取决于工作条件，但不应超过 1m。否则，运动阻力增大，会导致煤粉在溜槽下层堵塞卡机。但刮板的间距也不能过小，过小会增加链条的工作载荷。另外，刮板间距要一致，保证一个较好的直面，使预张紧差异最小化，实现链条性能的最优化。

输送机厂家规定的刮板安装力矩必须经常观察。实际力矩值可用一个可调节的力矩扳手随机检查。

1.13.2 链条的预张紧

链条在输送机上安装后，因施加拉力会导致链条伸长。试验表明，在一定拉力下链条的伸长率比一根金属棒大得多，甚至是几倍，这是由于链条的结构形式造成的。链条的预张紧可使链条预先伸长，通过调节长度，使链条在运行中的松紧度得到控制。链条的预张紧要适当，不能太紧或太松。如果链条的预张紧太松，在高载荷条件下，链条易打折，使链环在非拉伸方向承受载荷，导致严重的机械损伤和与溜槽的摩擦磨损，同时链条的速度也会降低。过张紧又会使输送机增加无功功率，链条的负荷加大，导致链环顶部圆弧内侧的过量磨损和链轮的磨损，还可能引起与链轮不能很好啮合，产生噪声，显著降低链条的使用寿命。链条的松紧度不合理，还有可能引起链条在链轮上的攀移和跳齿。

在使用中链条的松弛一般为两个环的长度。如果链条预张紧后的伸长量较多，先将伸长量减去两个环的长度，然后将剩余部分去掉，去掉部分应为两个环或两个环的倍数，不够两个环不能去掉。

也有资料[23]提出，在机头链轮输出侧，输送机满载情况下链子松弛不大于一手宽度。

链条的预张紧需要施加多大的预张紧力？有各种不同的计算方法，本文仅介绍两种，一种为德国 Guenther Philip 博士在“链子的使用管理与维护”一文中介绍的按输送机机头和机尾之间能力分布的推算方法，另一种为英国某公司开发的计算方法。

Guenther Philip 博士介绍的算法如下：

机头对机尾的能力分布为 1∶1 时：

$$预张紧力\ F_v = 1/2 \times (m'_k + m'_B) \times l \times g \times c$$

机头对机尾的能力分布为 2∶1 时：

$$预张紧力\ F_v = (1/3m'_k + 5/12m'_B) \times l \times g \times c$$

式中　m'_k——与长度有关的链条重量（包括刮板组件），kg/m；

m'_B——与长度有关的装载重量，kg/m；

l——输送机长度，m；

g——9.81m/s^2；

c——阻力值。

表 1-40 为德国 DMK 链条单位长度重量及输送机单位长度装载重量的参考值。

表 1-40　德国 DMK 链条单位长度重量及输送机单位长度装载重量的参考值

链条规格 $(d \times t)$/mm×mm	链条重量 m'_k /kg·m^{-1}	输送机宽度 b/mm	输送机断面面积 A_F/m^2	输送机单位长度载重量 m'_B/kg·m^{-1}
30×108	75	800	0.30	300
34×126	90	900	0.37	370
38×137	120	1000	0.44	440

部分 DMK 链条的预张紧力见表 1-41。

表 1-41 部分 DMK 链条的预张紧力

满载情况下链条的预张紧力							
工作面长度		200m		250m		300m	
机头和机尾的能力分布		1 : 1	2 : 1	1 : 1	2 : 1	1 : 1	2 : 1
链条规格（$d\times t$）/mm×mm	30×108	90	75	115	90	140	110
	34×126	115	90	170	115	200	135
	38×137	140	110	210	140	250	165

注：预张紧力的单位为 kN，换算成重量为 10kN = 1t。

英国某公司开发的链条在输送机上的预张紧计算参考公式如下：

链条数量，用于刮板输送机的链条，有 1 条、2 条和 3 条链的，一般为 2 条；机头和机尾电动机施加到输送机上的张力为：

张力 =（电动机功率 × 电机效率）÷（链条速度 × 链条数 × 9.81） （t）

输送机空载运转时的功率损耗 = 空载功率损耗 = 空载系数 × 输送机长度

空载系数，通过对链条的实际试验获得，取决于链条和刮板的重量以及刮板的形状。表 1-42 给出了部分规格链条的空载系数参考值。

表 1-42 空载系数（双中心链）

链条直径/mm	空载系数	链条直径/mm	空载系数	链条直径/mm	空载系数
26	0.55	34	0.75	42	1.00
30	0.65	38	0.90		

底链的功率损耗 = 0.5×总功率损耗。

链条在输送机上的张力分布如图 1-64 所示。

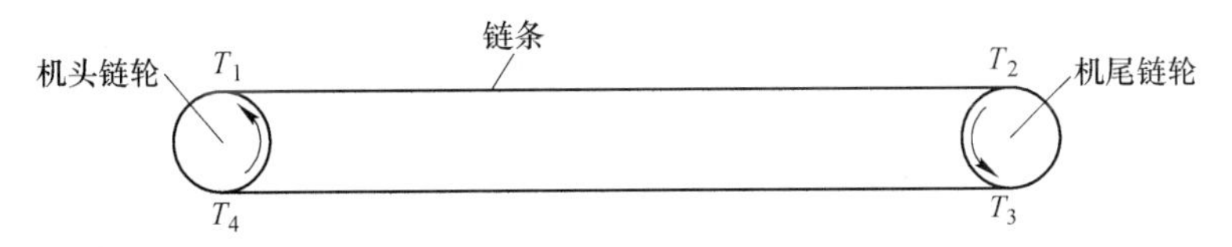

图 1-64 链条在输送机上的张力分布示意图

刚好到机尾链轮的张力 T_3 = 克服底链功率损耗的张力

= 底链功率损耗 ÷（链条速度 × 链条数 × 9.81） （t）

刚过机尾链轮后的张力 $T_2 = T_3 - 0.5$ × 空载功率损耗

机头电动机链轮前的张力 $T_1 = T_2$ +（机头电动机功率 × 机头电动机效率）÷（链条速度 × 链条数 × 9.81）

=（机头电动机功率 × 机头电动机效率）÷（链条速度 × 链条数 × 9.81）+ T_3 − 0.5 × 空载功率损耗 （t）

机头驱动后的张力 $T_4 = 0$　(t)(链条松弛)

每条链的平均张力 $TA = (T_1 + T_2 + T_3 + T_4) \div 4$　(t)

计算用到的参数及单位有：链条速度，单位为 m/s；输送机长度，单位为 m；电机功率，单位为 kW；空载系数，单位为 kW/m。

张紧力将使链条伸长，伸长量取决于链条的刚性（由链条的尺寸和级别决定，链条长、链环内宽大和级别低的链条伸长多）。

链条张紧后的总伸长 $AL = (TA \times CS \times CL) \times 1000 \div 100$　(mm)

式中　TA——每条链的平均张力，t；

CS——链条伸长率,%/t，见表 1-43 和表 1-44；

CL——链条长度，m。

每条链需要的预张紧力：$PF = (AL - 2$ 个环的节距$) \div (CS \times CL \times 10)$　(t)

注：2 个环的节距为链条需要松弛的量。

表 1-43　DIN 标准链条（双中心链）在每吨力下伸长量的参考值

链条直径/mm	链条伸长/% · t^{-1}	链条直径/mm	链条伸长/% · t^{-1}	链条直径/mm	链条伸长/% · t^{-1}
14	0.089	30	0.016	(48)	0.0074
18	0.053	34	0.013	(52)	0.0063
22	0.035	38	0.010		
26	0.022	42	0.0083		

注：括号中的链条规格在现行的 DIN 22252 标准中还未列入，在现行的 DIN 22255 标准中没有列入 ϕ52mm 的链条，但其力学性能按 DIN 标准链条要求。

表 1-44　加强型链条（双中心链）在每吨力下伸长量的参考值

链条直径/mm	链条伸长/% · t^{-1}	链条直径/mm	链条伸长/% · t^{-1}	链条直径/mm	链条伸长/% · t^{-1}
26	0.019	38	0.009	52	0.0055
30	0.014	42	0.0083		
34	0.011	48	0.0065		

表 1-45 是英国某链条公司推荐的部分链条的预张紧力。

表 1-45　英国某链条公司推荐的部分链条的预张紧力

输送机长度/m	功率/kW	链条规格（d×t）/mm×mm	刮板重量（假设）/kg	出煤量（假设）/t · h^{-1}	推荐的预张紧力/kN
240	3×855	48×152	70	2000	150
300	3×855	48×152	70	2400	215
360	3×855	48×152	70	2800	290
360	3×1000	48×152	70	3100	310
240	2×700	38×137	60	1200	160

上述刮板输送机链条预张紧力的计算方法，仅供煤矿工程师建立采煤工作面时的理论计算参考，实际情况有时很复杂，例如工作面的弯曲、起伏或斜坡等，需作适当调整。

在输送机工作面直线度较好的情况下，输送机两侧链条的预张紧力相差不应超过 1t。好的工作面管理在链条的整个运行期间，两侧链条间的张力差不大于 2t。这将有助于延长链条的使用寿命。

1.13.3 链条的试运转

在链条安装完毕并经过预张紧后，应仔细检查输送机，确认安装正确后，在需要润滑的部位进行润滑，在没有润滑保障的情况下不运行。链条首次安装，如果在无润滑条件下运行链环磨损很快。一切准备就绪后，进行空载试运转，时间约为一个班（也有制链公司规定：短的输送机运转至少 1h，200m 或更长的输送机至少运转 4h）。经过试运转，链环内圆弧部位的高点会被磨掉，链环间可形成均匀的接触面。这时链条会又一次出现松弛，试运转后应检查链条的预张紧，重新紧链并再次去除多余的链环，同时检查刮板是否紧固，接链环是否正常。空载试运转正常后，再进行有载状态下 6h 的试运转。试验期间应逐步增加输送机的载荷，检查链条转出链轮的方式，连续检查任何链条松弛的产生，监测电机的功率消耗。试运转结束后，刮板螺栓必须按要求 100%重新紧固。确认输送机运转正常后，将输送机清洁，正式投入使用。

1.13.4 链条的检测与检查

（1）建立链条检修与维护标识图和记录表。链条投入使用后，为了更好地对链条进行检查维护，建立链条检修和维护标识图与记录表是一个非常好的方法，如图 1-65 和表 1-46 所示。

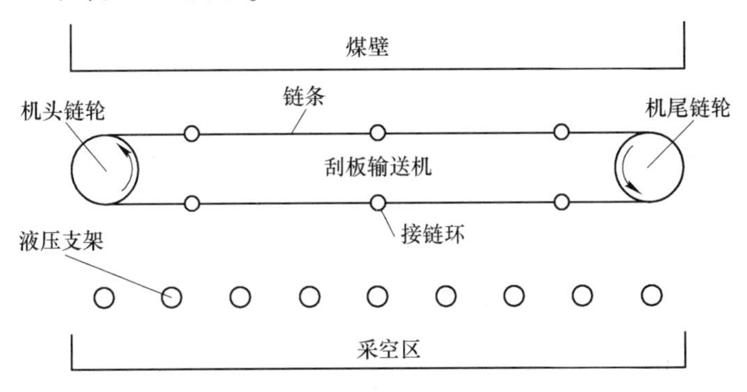

图 1-65 链条的检修、维护标识示意图
（如有链条断裂，可在图中相应断裂位置用×标记）

表 1-46　链条检修和维护记录表

煤矿	采区	煤层厚度/m	工作面长度/m	输送机型号及制造厂	输送机总功率/kW	机头功率/kW

机尾功率/kW	输送机启用日期	使用链条规格及数量	加长或缩短链条/环	链条配对角度/(°)	接链环型号及数量/个	链速/m·s^{-1}	链条启用日期	链条制造厂

测量日期	链条伸长率/%	服役时间/天	出煤量/t	断链					
				煤壁侧	采空侧	链环	接链环	在输送机上的位置	特别说明（断口在链环上的位置，有无外伤等）

图 1-65 和表 1-46 记录了输送机使用配对链条和接链环的规格数量，接连环的位置，使用期间的变化、特殊情况以及维护测量信息等。这对设备和链条的精细化管理、延长链条使用寿命是很有益的。

（2）链条新安装后的检查。在设备启动前应仔细检查输送机槽，确保没有明显的缺陷或问题。

链条新安装后的前两三周即磨合期，每天应检查链条的预张紧力，必要时要再次紧链，以便使每条链有合适的张紧力值，一两周后要对全部刮板螺栓再次拧紧，确保设备磨合到位。

（3）日常检查。链条转入正常工作后，每天至少应进行一次空载目测检查，去除任何损坏或破断的链环并检查相邻链环的伸长情况，如果不符合要求，就要及时去除，成对更换。任何有缺陷或丢失的刮板都应该替换。紧固任何松弛的刮板螺母。检查链轮是否损坏，也要检查分链器工作是否正常。还要经常检查链条的腐蚀情况，将链条表面轻轻抛光后，看看是否有腐蚀坑，如果腐蚀很严重，可能会使腐蚀疲劳裂纹产生。检查立环直边磨损面是否有与行进方向垂直的横向裂纹（由摩擦产生局部热点，冷却后形成马氏体，由于马氏体的高应力产生裂纹），很浅的裂纹是无害的，但在腐蚀条件下，可能会成为腐蚀疲劳裂纹的起点。

（4）定期检查及更换标准。至少每两个月测量一次链条的伸长情况，测量间距为 20~30m，如果链条磨损，和链轮接触的链环圆弧部位磨损不得大于材料直径的 10%，链环直臂部位磨损不得大于材料直径的 30%，链环节距增大不得超过 3.5%。链条的磨损或伸长超出上述范围时，必须将两侧的链条同时更换，以维持链条的配对。要对水平环的肩部进行链轮磨损的检查，由于链轮与链环匹配不好造成链环过度磨损是链环产生疲劳裂纹的主要原因，它会引起链环早期失效。全部安装新链条时，通常也要装配新链轮。也有的煤矿为了输送安全在链条伸长超过 2%时就要更换链条（当测量多环的长度由于磨损比新链条超长 2%时，与链轮的配合就会开始出现问题）。对链条的张紧度在链条的整个工作寿命期间都要随时做必要的调节，正确的预张紧是保证链条长期正常工作和获得满意工作寿命的一个非常重要的因素。

检查链轮有无损坏和磨损，必要时要进行更换。因为链轮的损坏和磨损都会使链条不能和链轮很好地啮合，在运行中引起跳链、脱链及链速变慢，由于链轮和链条啮合不好，易使链条产生应力集中，造成断链。

根据链条标识图来确认每条链条装配情况和最初的配对角度，并将检查结果记录下来。由于链条一经使用，磨损也伴随产生，链条节距也会逐渐伸长，通过建立一个好的维护、检查制度，将链环的磨损情况和节距变化记录下来，将损坏的链环成对更换，确定磨损水平，帮助检验运转问题，预测链条的剩余使用寿命，这对安全、高效生产十分必要。

（5）工况条件的合理维护。工况条件的合理维护是保证链条正常工作和长寿命的基础性工作。要尽可能精确地维护工作面的平直，工作面的不直可以造成链条不同程度的磨损和伸长。执行链条管理程序，保证在输送机生产厂的指导下，所有的操作事项都要经过培训而且达到最好的实践，按程序维护并做记录。测量链条的节距变化，一般测 5 个环的段长变化（如果是紧凑链，为 3 个立环（锻造环）加 2 个平环（焊接环））；测量链条的外长变化，测 5 个环的段内长加 2 个棒料直径，减去 2 个棒料直径的尺寸变化。

链条的调头使用，链条磨损的主要原因是每个立环在进入和离开驱动链轮时围绕和它相邻的平环旋转，这将导致链环的一端圆弧有较多磨损，另一端磨损较少，链条的两端调换使用可减少链环在一端的过量磨损，同时链条的两端调换使用还可减少链轮对链环的磨损，因为驱动链轮旋转时是拨动链环的一端传递动力，链环在进入和离开链轮时有一端和链轮产生摩擦磨损。链条的调头使用可延长链条寿命。

链条调换方向使用，拆掉刮板和接链环把链条变换方向，即旋转 90°，平环变立环，重新安装。这样可减少链条某些区域的磨损，延长链条的使用寿命。此法仅限于圆环链，扁平链、紧凑链和特殊形状的链条不能用。

在实践中上述两种方法的采用要结合成本和收益。在特殊情况下，需要稍微延长一下链条的使用寿命，可以采用此法。

输送机的不均匀载荷可导致链条不均匀的磨损，使链条的伸长不均匀，造成刮板倾斜和过链轮时可能引起过量磨损和损坏。

1.13.5　链条的防腐

由于某些矿井的地质条件，地下水带有腐蚀性，甚至一些工作设备用水也带有腐蚀性，这将对链条产生不利影响。如果链条在制造过程中的内应力太高，在腐蚀环境下容易损坏，强度较高的链条（随着硬度的增加）更容易损坏，甚至是 C 级链。在某些环境中，链条从开始使用到失效仅仅几个星期，如图 1-66 所示。

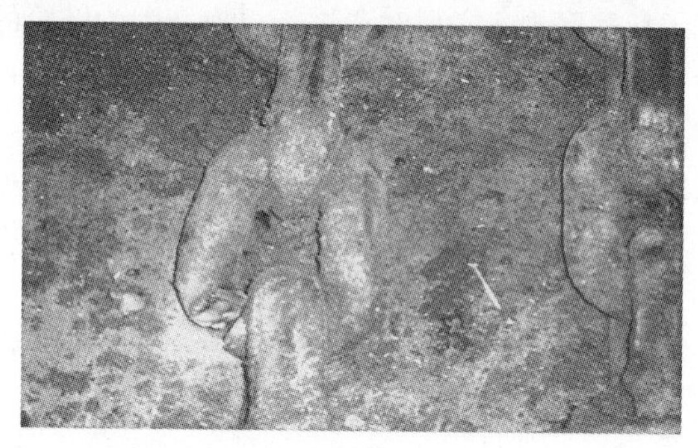

图 1-66　链条在井下的应力腐蚀断裂

如果井下工作面临时停产几天，链条每天至少运行一次，运行时间为 30min，以防腐蚀。如有必要，也可将链条清理干净或涂油保护，最好将链条运到井上保存。链条应储存在干燥通风的地方，避免受潮，以免使链条产生电化学腐蚀。链条在没有防腐措施的情况下，在室外存放 6 个月，会大大降低其工作寿命，除非加特殊的防腐油保护。因为在高强度链条的腐蚀坑下往往会有显微裂纹产生，腐蚀坑也可能成为链条使用时产生疲劳裂纹的起始点。如链条在井下停用时间较长且受到高热，应更换链条。

1.13.6　链条的运输

链条包装或捆扎须牢固，在运输中不应散开并避免磕碰损伤、锈蚀，以免链条在使用中产生应力集中，导致早期断裂。

1.14　接链环

链条安装时需要用接链环把链条首尾连接起来，链条在运行中如果有个别环损坏，亦可将坏环去掉，用接链环替代，接链环不但重要而且使用方便，在链条传动中得到广泛应用。接链环有只能用作平环的，也有只能用作立环的，也有平环立环都能用的。接链环质量的好坏同样影响刮板输送机的可靠性和工作效率。

接链环的品种繁多，按结构形式有锯齿型、梯齿型、弧齿型、卡块型和 V 锁型等[24~26]。图 1-67~图 1-69 是三种常用接链环的实物图片。

图 1-67 弧齿型接链环

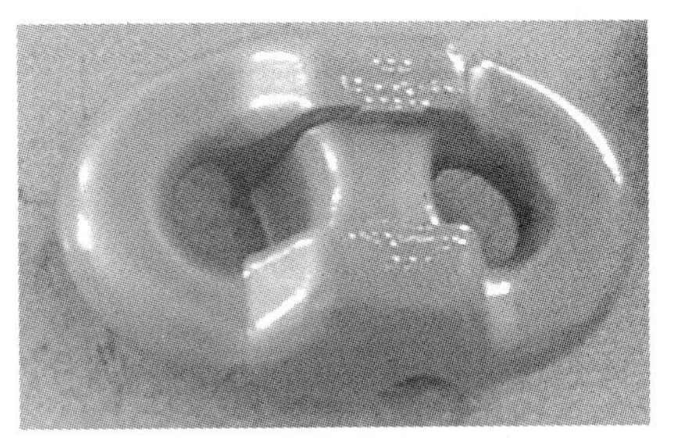

图 1-68 卡块型接链环

图 1-69 V 锁型接链环

1.14.1 三种常用接链环的规格、尺寸和力学性能

(1) 弧齿型接链环的规格、尺寸和力学性能。弧齿型接链环的型式和尺寸标注如图 1-70 所示。部分规格和尺寸见表 1-47，力学性能见表 1-48，疲劳试验的下限力和上限力见表 1-49。接链环在疲劳试验前应按表 1-49 中规定的试验力进行预拉伸。

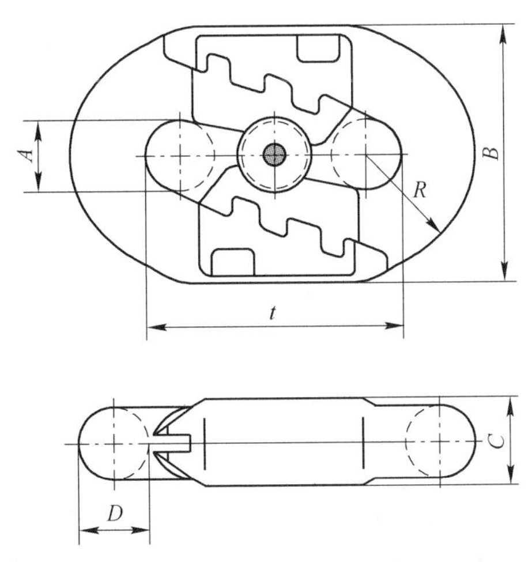

图 1-70 弧齿型接链环的型式和尺寸

表 1-47　弧齿型接链环的部分规格和尺寸

规格（$d\times t$）/mm×mm	尺寸/mm					
	D	t	A(min)	B(max)	C(max)	R_{-2}^{0}
22×86	22±0.7	86±0.9	24	84	29	36
24×86	24±0.7	86±0.9	26	89	32	39
26×92	26±0.8	92±0.9	28	96	33	42
30×108	30±0.9	108±1.1	32	111	37	48
34×126	34±1.0	126±1.3	37	122	41	55
38×126	38±1.1	126±1.3	41	137	46	61
38×137	38±1.1	137±1.4	41	134	46	61
38×146	38±1.1	146±1.5	41	137	46	61
42×137	42±1.3	137±1.5	45	151	53	67
42×146	42±1.3	146±1.5	45	151	53	67
48×152	48±1.6	152±1.5	52	173	60	77

注：d 为和接链环匹配使用链条的材料直径；t 为接链环的内长。

弧齿型接链环在和链条连接时可用作平环，也可用作立环。

表 1-48　弧齿型接链环的力学性能

公称直径 D/mm	最小破断负荷 BF(min)/kN	最大工作负荷 WF(max)/kN	最小疲劳循环次数 N(min)	3 个试样的 V 形缺口平均冲击功值 A_{KV}/J
18	361	254	40000	>57
19	403	283		
22	540	380		
24	642	452		
26	754	531	70000	
30	1000	707		
34	1290	907		
38	1610	1130		
42	1970	1380		
48	2570	1810		

注：1. 疲劳试验：下限应力：50N/mm^2，上限应力：250N/mm^2。试验频率：1～16Hz，首选 1.5Hz。
2. 冲击试验：3 个试样取之腿部，且 3 个冲击功值中任何一个值不得低于 40J。
3. 硬度：按 DIN 22258-1 标准规定，最高 420HV10 或 414HBW10/3000。

表 1-49 弧齿型接链环疲劳试验的下限力和上限力

公称直径 D/mm	试验力 TF/kN	下限力 F_u/kN	上限力 F_o/kN
18	305	26	127
19	340	29	142
22	456	38	190
24	543	46	226
26	637	53	266
30	848	71	354
34	1090	91	454
38	1360	114	567
42	1660	139	693
48	2170	181	905

（2）卡块型接链环的规格、尺寸和力学性能。卡块型接链环的型式和尺寸标注如图 1-71 所示。部分规格和尺寸见表 1-50，力学性能见表 1-51，疲劳试验的下限力和上限力见表 1-52。接链环在疲劳试验前应按表 1-52 中规定的试验力进行预拉伸。

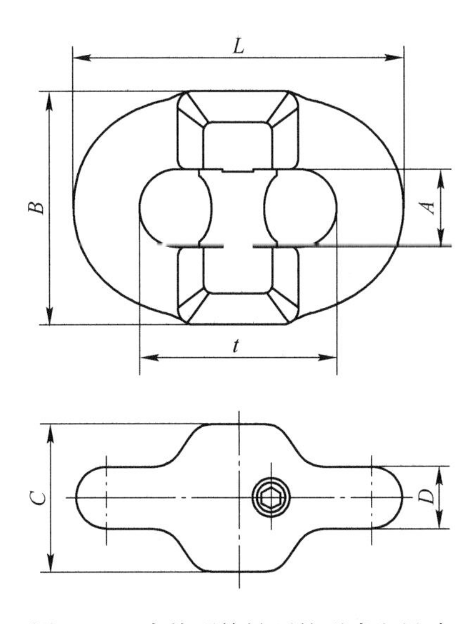

图 1-71 卡块型接链环的型式和尺寸

表 1-50　卡块型接链环的部分规格和尺寸

规格（$d \times t$）/mm×mm	尺寸/mm							
	D		t		A(min)	B(max)	C(max)	L(max)
	标称尺寸	公差	标称尺寸	公差				
22×86	22	±0.7	86	±0.9	24	84	55	133
24×86	24	±0.7	86	±0.9	26	89	60	137
26×92	26	±0.8	92	±0.9	29	96	65	147
30×108	30	±0.9	108	±1.1	33	111	75	172
34×126	34	±1.0	126	±1.3	37	122	85	198
38×126	38	±1.1	126	±1.3	42	137	95	207
38×137	38	±1.1	137	±1.4	42	134	95	218
38×146	38	±1.1	146	±1.5	42	137	95	227
42×146	42	±1.3	146	±1.5	46	181	105	235
48×152	48	±1.5	152	±1.5	53	181	105	254

注：d 为和接链环匹配使用链条的材料直径；t 为接链环的内长。

表 1-51　卡块型接链环的力学性能

公称直径 d/mm	最小破断负荷 BF(min)/kN	最大工作负荷 WF(max)/kN	最小疲劳循环次数 N(min)	3 个试样的 V 形缺口平均冲击功值 A_{KV}/J
22	608	380	70000	≥57
24	724	452		
26	850	531		
30	1130	707		
34	1450	907		
38	1820	1130		
42	2220	1380		
48	2900	1810		

注：1. 疲劳试验：下限应力：50N/mm^2，上限应力：250N/mm^2。试验频率：1~16Hz，首选 1.5Hz。
2. 冲击试验：3 个试样的冲击功值中任何一个值不得低于 40J。
3. 硬度：按 DIN 22258-2 标准规定，最高 390HV10 或 385HBW10/3000。

表 1-52　卡块型接链环疲劳试验的下限力和上限力

公称直径 d/mm	试验力 TF/kN	下限力 F_u/kN	上限力 F_o/kN
22	456	38	190
24	543	46	226

续表 1-52

公称直径 d/mm	试验力 TF/kN	下限力 F_u/kN	上限力 F_o/kN
26	637	53	266
30	848	71	354
34	1090	91	454
38	1360	114	567
42	1660	139	693
48	2170	181	905

卡块型接链环由于中间部分较厚，在和链条连接时只能用作平环。

（3）V 锁型接链环的规格、尺寸和力学性能。V 锁型接链环的型式和尺寸标注如图 1-72 所示。部分规格和尺寸见表 1-53，力学性能见表 1-54，疲劳试验的下限力和上限力见表 1-55。接链环在疲劳试验前应按表 1-55 中规定的试验力进行预拉伸。

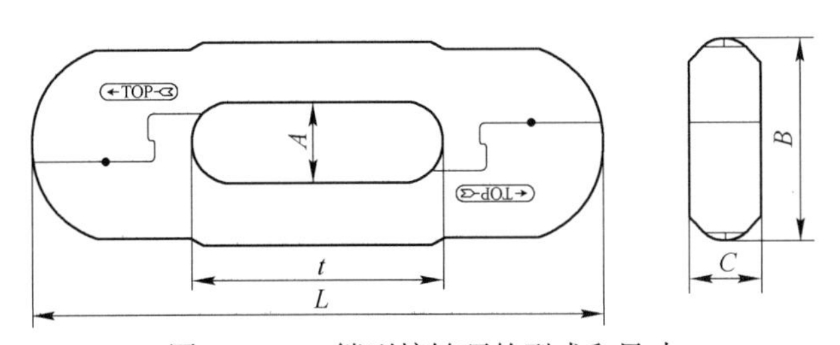

图 1-72　V 锁型接链环的型式和尺寸

表 1-53　V 锁型接链环的部分规格和尺寸

规格（d×t）/mm×mm	尺寸/mm					
	t		A(min)	B(max)	C(max)	L(max)
	标称尺寸	公差				
26×92	92	±0.9	28	75	28	213
30×108	108	±1.1	32	87	32	252
34×126	126	±1.3	37	99	36	297
38×126	126	±1.3	41	111	40	290
38×137	137	±1.4	41	111	40	322
38×146	146	±1.5	41	111	40	348
42×137	137	±1.4	45	115	46	314
42×146	146	±1.5	45	115	46	341
48×152	152	±1.5	52	127	56	347

注：d 为和接链环匹配使用链条的材料直径；t 为接链环的内长。

表 1-54　V 锁型接链环的力学性能

公称直径 d/mm	最小破断负荷 BF(min)/kN	最大工作负荷 WF(max)/kN	最小疲劳循环次数 N(min)	3 个试样的 V 形缺口平均冲击功值 A_{KV}/J
26	850	531	70000	≥57
30	1130	707		
34	1450	907		
38	1820	1130		
42	2220	1380		
48	2900	1810		

注：1. 疲劳试验：下限应力：50N/mm^2，上限应力：250N/mm^2。试验频率：1~16Hz，首选 1.5Hz。
2. 冲击试验：3 个试样的冲击功值中任何一个值不得低于 40J。
3. 硬度：按 DIN 22258-3 标准规定，最高 410HV 或 405HBW10/3000。

表 1-55　V 锁型接链环疲劳试验的下限力和上限力

公称直径 d/mm	试验力 TF/kN	下限力 F_u/kN	上限力 F_o/kN
26	637	53	266
30	848	71	354
34	1090	91	454
38	1360	114	567
42	1660	139	693
48	2170	181	905

V 锁型接链环在和链条连接时只能用作立环。

1.14.2　接链环用钢

接链环用钢的材料质量不低于 23MnNiMoCr5-4 钢。

1.14.3　接链环的制造

接链环制造的工艺流程是：下料—锻造—热处理（退火）—磁粉探伤—抛丸处理—机加工—热处理（淬火和回火）—抛丸处理—预拉伸强化（有的在预拉伸强化后需要数控线切割齿形）—性能抽检—表面防腐处理—入库。接链环在热处理后应对表面质量进行检查，表面不得有裂纹或影响质量的缺陷。

1.14.4　接链环的正确安装和使用

（1）弧齿型接链环在和链条连接时可用作平环也可用作立环，安装时要保证安装表面和锁紧面清洁，将两个半环和定位销用锁紧螺栓组装起来。要定期检查磨损和损坏情况。

（2）卡块型接链环在和链条连接时只能用作平环，安装时要保证把卡块安装到正确位置并确保销子在正确位置并处于锁紧状态。要定期检查磨损和损坏情况。

（3）V锁型接链环在和链条连接时只能用作立环，安装时要保证安装面清洁并注意正确的安装方向，接链环之间不得交换组件，保证张紧销全部插入，重新安装接链环需要更换新张紧销。要定期检查磨损和损坏情况。

1.15 小结

矿用高强度圆环链是刮板输送机上的关键件和易损件，它的质量高低和寿命长短直接影响煤矿的煤炭产量和效益。矿用高强度圆环链的产品质量和使用寿命与制链用钢，制链工艺，制链设备以及正确的安装、维护和使用有着密切的关系。

2 水泥工业用圆环链

水泥工业用圆环链包括斗式提升机用链条和炉窑链，炉窑链主要分两种，一种是用在水泥窑的内侧，用于粉碎熟料和导热；另一种是悬挂在炉窑的入口和出口，阻挡灰尘出来，并吸收余热传给熟料。炉窑链强度级别较低，用量较少，故在本书不再论述。本书主要论及斗式提升机用圆环链。斗式提升机是国内外水泥制造行业广泛采用的主要机械设备之一，而斗式提升机链条则是提升机提升水泥物料传递动力的关键件和易损件，且用量很大。随着我国国民经济的快速发展，水泥需求量不断增加，推动了水泥工业的发展，高产、高效大功率斗式提升机的应用越来越多，提升高度也在不断增加，对斗式提升机用链条的力学性能有了更高的要求[27]，我国在 2003 年专门制订了 JC/T 919—2003《水泥工业用链条技术条件》国家建材行业标准[28]。标准规定了水泥工业用链条的技术要求、试验方法、检验规则及标志、包装、运输和贮存等。此前，我国没有专门的水泥工业用链条标准，水泥工业用链条标准的制订和发布对促进我国水泥工业用链条的技术进步，提高整体制造水平起到推动作用。JC/T 919—2003 标准中的圆环链（斗式提升机用圆环链）部分参照了德国 DIN 764—1992[29,30] 和 DIN 766—1986[31] 标准，并对上述两个德国标准的相关内容进行了修改后，纳入我国标准。

2.1 圆环链的服役条件

斗式提升机工作时，圆环链循环承受疲劳载荷，有时还会受到冲击载荷。链环在负载状态下通过滚筒或链轮时不断弯折，在链环与链环或链环与链环钩的连接部位会产生滑动磨损和接触疲劳，有物料时产生磨料磨损（这种链环间磨损是链条的主要失效形式），同时对链环中部（包括焊接接头所在部位）产生弯曲载荷。链条如与腐蚀性介质接触，也会发生应力腐蚀和腐蚀疲劳断裂。因此，圆环链需要具有耐磨损、高强度、高韧性、耐腐蚀等综合力学性能[27]。

2.2 圆环链的力学性能要求

斗式提升机用圆环链分高强度圆环链和渗碳圆环链两种。高强度圆环链的力学性能应达到表 2-1 中的要求，渗碳圆环链的力学性能和渗碳层深度应达到表 2-2 中的要求。

表 2-1 高强度圆环链的力学性能

最大工作拉应力/N · mm^{-2}	最小破断应力/N · mm^{-2}	破断时最小总伸长率/%
157.5	630	8

注：圆环链的最小破断负荷 *Tk* 应按下式计算：

$$Tk = \pi(d^2/4) \times 2 \times 630 \div 1000 \quad (\text{kN})$$

式中 d——链环钢材的公称直径，mm；

$\pi(d^2/4)$——链环钢材的理论横截面面积，mm^2。

表 2-2 渗碳圆环链的力学性能和渗碳层深度

最大工作拉应力/N · mm^{-2}	最小破断应力/N · mm^{-2}	表面硬度（HV）	渗碳层深度/mm
72.5	290	600～800	0.06*d*～0.1*d*

注：1. *d* 为链环钢材的公称直径，mm。

2. 圆环链的最小破断负荷 *Tk* 应按下式计算：

$$Tk = \pi(d^2/4) \times 2 \times 290 \div 1000 \quad (\text{kN})$$

式中，$\pi(d^2/4)$ 为链环钢材的理论横截面面积，mm^2。

2.3 圆环链用钢

2.3.1 圆环链用钢要求

圆环链的性能除与制链工艺有关外，还与其用钢质量有着密切的关系。因此，对圆环链用钢的化学成分、力学性能及钢材交货状态下的显微组织有较严格的要求。

为了满足圆环链对上述的性能（包括工艺性能）要求，圆环链用钢必须是镇静钢，且有较高的纯净度。交货状态下钢的组织应均匀，碳化物颗粒应细小均匀，奥氏体晶粒度为 6 级或更细。钢应具有好的弯曲成形性、好的焊接性、好的淬透性和回火稳定性，所制链条在热处理后应具有较高的强韧性。圆环链用钢的质量及尺寸公差应不低于 JC/T 919—2003《水泥工业用链条技术条件》的规定[27]。

2.3.2 高强度圆环链用钢现状

长期以来，我国水泥工业用斗式提升机圆环链的用钢比较成熟和生产使用较多的是 25MnV 钢，其化学成分见表 1-18。而大规格圆环链用钢则使用 NiCrMo 系列的高级优质链条钢 23MnNiMoCr5-4（以下简称 54 钢）制造。54 钢是德国 DIN 17115—2012《焊接圆环链和链条组件用钢交货技术条件》规定的高级优质链条钢，世界上许多大的链条公司普遍使用，较好地满足了各种高质量级别圆环链（矿用高强度圆环链、吊链等）的性能要求，同样在水泥工业用斗式提升机圆环链的制造中也得到广泛应用。54 钢的化学成分见表 1-20。在 GB/T 10560—2008《矿用高强度圆环链用钢》标准中，25MnV 钢经 880℃水淬，370℃回火后的力学性能见表 1-19。在 DIN 17115—2012 标准中，54 钢经 880℃水淬，不低于 450℃回火 1h 后的力学性能见表 1-21。

随着链条规格的不断增大和性能要求的提高，国外一些大的链条公司已研制出一些新的链条钢种，并作为它们的专利技术。链条的发展在某种意义上，取决于链条用钢的发展[27]。

2.3.3　渗碳圆环链用钢现状

不同的链条制造厂家采用的渗碳圆环链用钢也有所不同，国外有采用 CrNi 钢的，也有采用 CrNiMo 钢的，如 15CrNi6、14CrNi5、15CrNiMo5 和 15CrNiMo6 等。国内有采用 25MnV 钢和 20CrNiMo 钢的，也有采用 54 钢的等，属链条厂家的材料技术。采用的渗碳钢不同，渗碳后链条的力学性能和耐磨性也不同。好的渗碳钢制链条渗碳后，碳化物的分布较均匀，渗碳层也较深，链条经热处理后不但耐磨，心部还具有很好的韧性，使用寿命较长。对上述渗碳链条钢进行比较，25MnV 钢和 54 钢不是适合渗碳的链条用钢。

2.4　圆环链的规格和尺寸

水泥工业斗式提升机用圆环链的型式和尺寸如图 2-1 所示。按照斗式提升机的设计要求，链条的尺寸规格繁多，下面仅列出部分常用规格，见表 2-3。

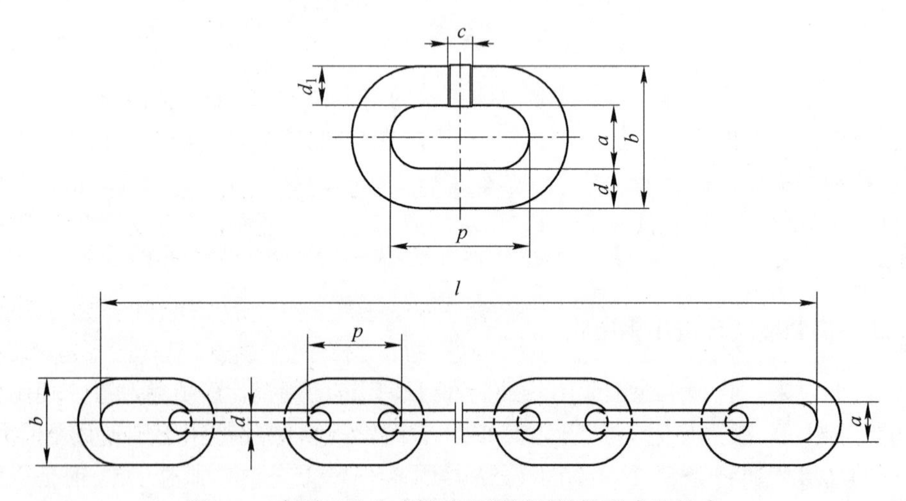

图 2-1　水泥工业斗式提升机用圆环链的型式和尺寸

表 2-3 水泥工业用斗式提升机链条的部分常用规格和尺寸

链条规格 ($d×p$) /mm×mm	链环直边直径 d/mm		节距 p/mm		宽度/mm		焊接处尺寸/mm		测量长度/mm			单位长度质量 /kg·m^{-1}
	公称尺寸	极限偏差	公称尺寸	极限偏差	最小内宽 a	最大外宽 b	最大直径 d_1	长度 c	环数 n	长度 $l=n×p$	允许偏差	
10×35	10	±0.4	35	+0.6 −0.3	14	36	11	7	5	175	+1.2 −0.7	2
13×45	13	±0.4	45	+0.7 −0.4	18	47	14	9.2	5	225	+1.6 −0.9	3.5
14×45	14	±0.4	45	±0.4	18	48	15	9.5	5	225	±1	4.2
16×56	16	±0.4	56	+0.9 −0.5	22	58	17	11.5	5	280	+2.0 −1.1	5.2
18×50	18	±0.5	50	±0.6	21	60	19.5	13	7	350	±1.5	7.2
18×63	18	±0.5	63	+1.0 −0.5	24	65	19.5	13	5	325	+2.2 −1.3	6.6
18×64	18	±0.5	64	±0.6	21	60	19.5	13	7	448	±1.9	6.6
20×70	20	±0.5	70	+1.1 −0.6	27	72	21.5	14	5	350	+2.5 −1.4	8.2
22×64	22	±0.7	64	±0.6	27	73	23.5	15.5	7	448	±1.9	10.4
22×70	22	±0.7	70	±0.7	27	72.5	23.5	15.5	7	490	±2	10.1
22×76	22	±0.7	76	±0.9	26	74	23.5	15.5	7	532	±2.4	10.4
22×80	22	±0.7	80	+1.8 −0.7	31	83	23.5	15.5	5	400	+2.8 −1.6	10
22×86	22	±0.7	86	±0.9	26	74	23.5	15.5	7	602	±2.6	9.5
22×81	26	±0.8	81	±0.9	36	101	28	18	3	243	±1.7	15.2
26×91	26	±0.8	91	+1.5 −0.8	35	94	28	18	5	455	+3.2 −1.8	14
30×105	30	±0.9	105	+1.7 −0.9	39	108	32.5	21.0	5	525	+3.7 −2.1	19
33×115	33	±1.0	115	+1.9 −1.0	43	119	34.5	23.0	5	575	+4.4 −2.5	22.5
34×126	34	±1.0	126	±1.0	38	109	36.9	23.8	5	630	±2.6	22.7
36×126	36	±1.1	126	+2.1 −1.0	47	130	38.9	25.2	5	630	+4.4 −2.5	26.5

续表 2-3

链条规格 (d×p) /mm×mm	链环直边直径 d/mm		节距 p/mm		宽度/mm		焊接处尺寸/mm		测量长度/mm			单位长度质量 /kg·m^{-1}
	公称尺寸	极限偏差	公称尺寸	极限偏差	最小内宽 a	最大外宽 b	最大直径 d_1	长度 c	环数 n	长度 $l=n×p$	允许偏差	
39×136	39	±1.1	136	+2.2 -1.1	51	140	42	27	5	680	+4.8 -2.5	31
42×147	42	±1.3	147	+2.4 -1.3	55	151	45	29.4	5	735	+5.1 -2.5	36

注：链环钩的规格应与链条匹配。

随着圆环链市场的发展需要，我国一些大的链条厂已经能够批量生产材料直径为 48mm 的大规格、高强度链条，材料直径为 56mm 的高强度链条也有生产，更大规格的链条正在研制中。

2.5　圆环链的制造

高强度圆环链的制造工艺过程如下：

链条直径为 14mm 以下的高强度圆环链制造工艺过程为：备料—下料和编链（冷编链）—电阻对焊—初次校正—热处理—性能抽检—最终校正—测长—表面防腐处理—配对—入库。

链条直径为 14mm 及以上规格的高强度圆环链制造工艺过程为：备料—下料—编链（链条直径为 22mm 以下的为冷编链，直径 22mm 及以上的链条为热编链）—抛丸—闪光对焊—初次校正—热处理—性能抽检—最终校正—测长—表面防腐处理—配对—入库。

最常用的和用量较大的链条规格为 14mm 以上的链条。随着提升机功率的增大，大规格链条用量越来越多。

渗碳圆环链的制造工艺过程如下：

初次校正前的制造工艺过程同同规格的高强度圆环链—初次校正—渗碳处理—淬、回火处理—性能抽检—测长—表面防腐处理—配对—入库。

在链条的制造过程中，钢材确定后，在制造过程中主要要满足链条的几何尺寸要求和力学性能要求，由于链环的几何形状对圆环链的力学性能将产生显著影响，所以在链条制造过程中应十分重视链环尺寸和几何形状的正确性，并采用优化设计，改善链环在受力状态下的应力分布。目前，国际上的链条制造商对链条的外形已有多种创新[27]。焊接和热处理是链条制造的关键工序，它们的质量好坏直接关系到链条力学性能的高低。

备料应按照材料标准和技术协议要求，查看所用钢厂钢材的检验证书并对钢材的外观质量、尺寸、弯曲度、硬度进行检查，同时还要对钢材的化学成分和力学性能进行检查，合格后方可投用。链条钢在贮存中不得锈蚀。

对于需要闪光对焊的链条，下料后的料段端面要平坦，不应有凹凸面、斜面或直径方向的塑性变形，且与料长垂直，这样既便于准确地测量料棒的长度，又有利于编链时形成规范的对口间隙并为好的对焊焊接质量创造条件。

在编链过程中要经常检查链环对口间隙的变化以及错口等情况，检查编链芯轴和滚轮的磨损情况，工装磨损后会造成链环形状的改变。对口间隙的不合理和各种偏离工艺的错口都会影响后续的焊接质量和链条的力学性能。

圆环链焊接处不应有影响链环质量的夹渣、烧伤、目视裂纹、凹痕等缺陷。焊接处必须去除毛刺。链环焊接后要进行外观检查，不符合要求的链环要去除，并补入新环。补入的新环应符合要求。

圆环链焊接后要进行初次校正，渗碳圆环链的校正量要大于高强度圆环链，但要为链条热处理后的伸长留出余量。

在圆环链的初次校正中，如有个别环断裂，需要修接。接入新环的材料和规格因同被接链条一致，应为同一熔炼炉号的材料。其下料长度及公差要求同所接链条一致，首先按编结工艺编结单环，编结的单环尺寸形状要适合后序使用的焊接设备，用专用设备将编结好的单环掰开接入链条，然后再将单环回复原状，进行抛丸、焊接和校正处理。

高强度圆环链的淬、回火国内多数厂家采用中频感应加热的方法实现。热处理后，链环得到差温回火的效果，即链环的肩顶部硬度较高，直臂部硬度较低，硬度分布与使用要求十分吻合。链条渗碳后的热处理则采用中频淬火和低温均温回火，从而保证链条具有高硬度和较高的耐磨性。随着链条规格的不断增大，中频淬、回火加传统热处理回火的方法也有使用，但淬、回火机床可以是多种多样的，连续式热处理炉使用较多。

对高强度圆环链，热处理后应进行预拉伸（即生产工序中的最终校正），预拉伸负荷为该规格圆环链最小破断负荷的60%～65%[27]。

如在热处理后应进行的预拉伸中产生断环，应进行修接。接入新环的材料和规格因同被接链条一致，应为同一熔炼炉号。其下料长度及公差要求同所接链条一致，首先按编结工艺编结单环，编结的单环尺寸形状要适合后序使用的焊接设备，用专用设备将编结好的单环掰开接入链条，然后再将单环回复原状，进行抛丸、焊接、校正、单环热处理和最终校正。单环在热处理后的力学性能要求和其所在链条的其他链环一致。修接单环的质量至关重要，如果质量达不到要求，便成为链条的薄弱环节。

采用预拉伸处理后的圆环链应进行外观检查，对任何有目视裂纹及其他缺陷的链环应去掉而补入新环，对所补入的新环仍应进行热处理和预拉伸。

链条的测长和防腐处理，链条在最终校正后要进行测长，测长合格后的链条要进行表面防腐处理，以防链条在贮存和运输中受到腐蚀。

链条的配对按 JC/T 919《水泥工业用链条技术条件》规定的长度及偏差进行配对，即每对链条内长之差不大于公称尺寸的 0.05%；链条长度小于 8m 时，其内长之差不大于 4mm。为了保证配对链条在发货、运输、贮存和安装时不出差错，配对链条应做好配对标识并连在一起。测长和精确的配对对提升机正确使用双链条至关重要，它使两条链受力均匀、载荷均布（如果两条链不匹配，就会造成短链条负荷增加），减少了料斗倾斜、刮卡、单边链条过度磨损、断链等故障，增强了链条在运行中的可靠性并延长了链条的使用寿命，提高了提升机的工作效率。

2.6　斗式提升机用链环钩

链环钩在水泥工业用斗式提升机上是用于连接圆环链和料斗的连接件，如图 2-2 所示。链环钩在斗式提升机中用量较大，也是设备的关键件和易损件。它的寿命取决于制造质量和正确的装配与使用。

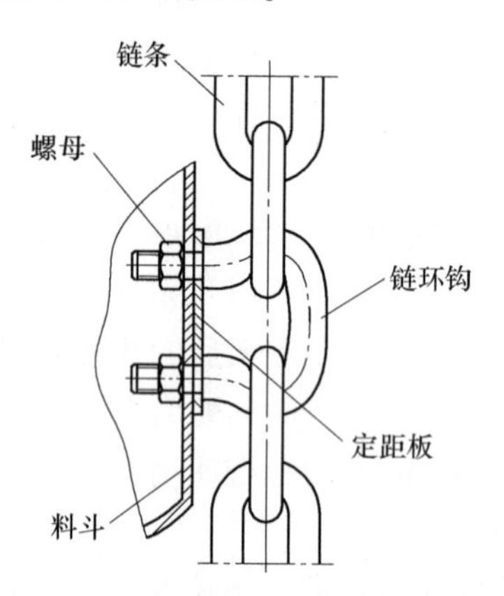

图 2-2　链环钩与链条和料斗的连接组装示意图

链环钩按性能分为高强度链环钩和普通链环钩（即经渗碳处理或与链环接触的内圆弧部位经高频淬火的链环钩）两种，高强度链环钩同高强度圆环链配合使用，普通链环钩同渗碳圆环链配合使用。按其制造工艺又分为热编链环钩和锻造链环钩两种。热编链环钩如图 2-3 所示，锻造链环钩如图 2-4 所示。

2.6.1　热编链环钩的尺寸和最小破断负荷

国内某链条厂生产的部分热编链环钩的尺寸和最小破断负荷，见表 2-4。

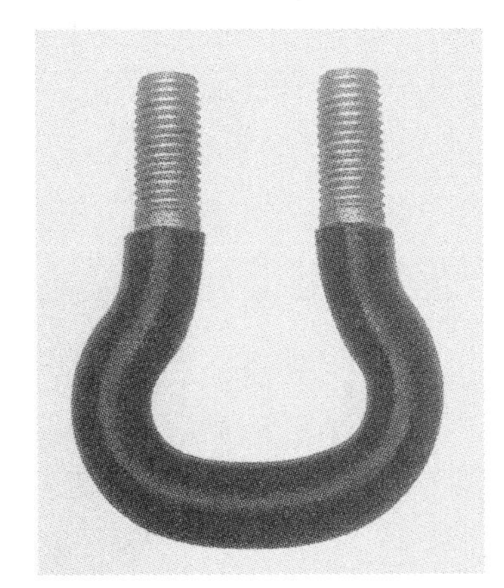
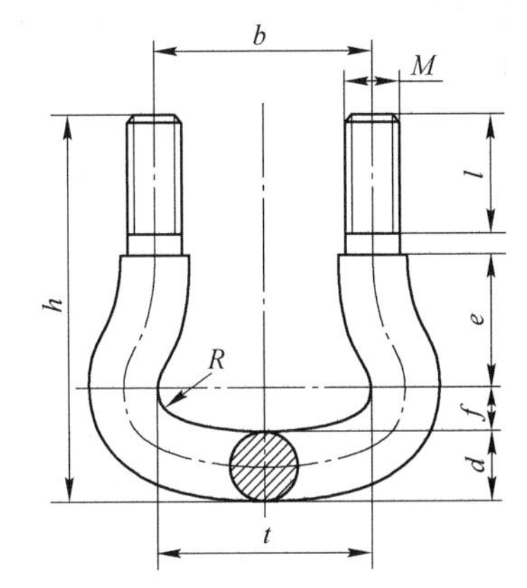

图 2-3　热编链环钩

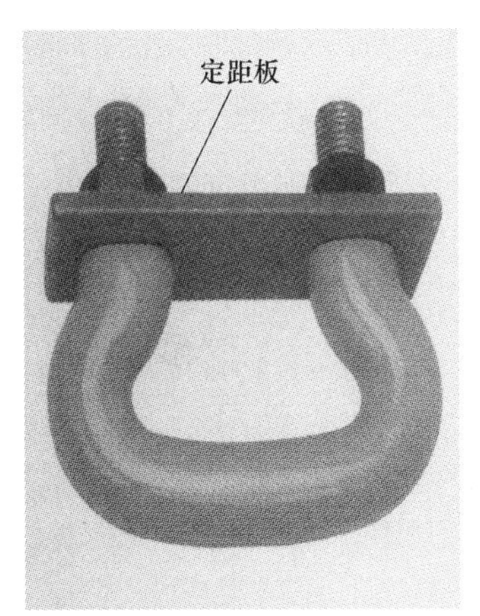

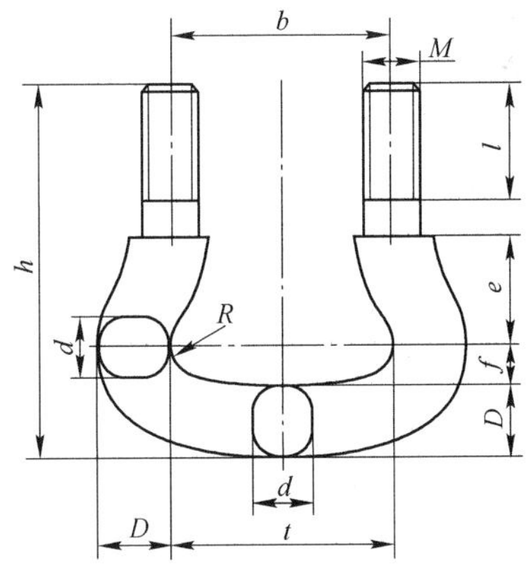

图 2-4　锻造链环钩

表 2-4　部分热编链环钩的尺寸和最小破断负荷

规格(*d*×*t*)/mm×mm	*d*	*t*	*b*	*R*	*h*	*M*	*l*	*f*	*e*	定距板厚	重量/kg	最小破断负荷/kN	
	mm											高强钩	普通钩
16×50	16	50	45	9	86	12	30	11	22	6	0. 3	140	118
18×50	18	50	45	10	91	14	25	12. 5	24	6	0. 42	190	118
18×64	18	64	55	10	102	14	30	13	30	6	0. 5	190	118
20×63	20	63	63	10	112	16	33	13	31	6	0. 58	250	150
22×70	22	70	70	13	125	18	35	15. 5	42	6	0. 9	320	150
22×80	22	80	60	11. 5	136	20	43	16	45	6	0. 8	395	190
22×86	22	86	86	13	108	18	28	16	32	6	0. 84	250	190

续表 2-4

规格(*d*×*t*) /mm×mm	*d*	*t*	*b*	*R*	*h*	*M*	*l*	*f*	*e*	定距板厚	重量 /kg	最小破断负荷/kN	
	mm											高强钩	普通钩
24×64	24	64	55	13	128	20	35	15	41	6	1. 1	395	216
24×70	24	70	70	13	115	18	35	15	30	6	1. 03	320	216
24×80	24	80	80	13	134	20	40	16	41	6	1. 3	395	216
24×86	24	86	86	13	122	20	37	16	34	6	1. 1	395	216
26×91	26	91	91	14. 5	123	24	40	18	31	8	1. 4	570	262
28×91	28	91	91	14. 5	156	24	49	18	44	8	1. 82	570	300

2. 6. 2　锻造链环钩的尺寸和最小破断负荷

国内某链条厂生产的部分锻造链环钩的尺寸和最小破断负荷，见表 2-5。

表 2-5　部分锻造链环钩的尺寸和最小破断负荷

规格(*d*×*t*) /mm×mm	*d*	*t*	*b*	*R*	*h*	*M*	*l*	*f*	*e*	*D*	定距板厚	重量 /kg	最小破断负荷/kN
	mm												
16×56	16	56	56	9	99	14	31	12	28	18	6	0. 38	190
18×63	18	63	63	10	111	16	35	13	31	21	6	0. 56	250
20×70	20	70	70	11. 5	125	20	40	15	36	23	6	0. 92	395
25×140	25	140	120	13	140	24	40	16	44	28	8	1. 86	570
26×91	26	91	91	14. 5	156	24	49	18	44	29	8	1. 52	570
28×91	28	91	91	14. 5	161	24	49	18	44	34	8	1. 90	570
28×150	28	150	130	16	156	24	38	20	50	31	8	2. 50	570
30×105	30	105	105	16. 5	169	24	49	20	52	34	8	2. 30	570
30×108	30	108	86	17	178	24	42	20. 5	63. 5	30	10	2. 50	570
32×91	32	91	91	17	172	30	55	20	52	35	10	2. 90	890
36×126	36	126	126	19. 5	201	30	57	23	61	40	10	4. 60	890
38×126	38	126	126	19. 5	208	30	50	23	75	45	12	4. 90	890
40×220	40	220	180	19. 5	212	30	50	30	75	42	10	6. 80	890
42×147	42	147	147	22. 5	232	36	65	29	69	47	12	7. 41	1280

2. 6. 3　链环钩用钢

链环钩用钢应为全镇静钢，经热处理后应满足链环钩的力学性能要求。高强度链环钩与普通链环钩由于力学性能不同，热处理方法不同，所以采用的钢种也有所不同，链环钩一般采用和所配链条相同的材料。锻造链环钩，材料不低于45 钢。

2.6.4 链环钩的力学性能

链环钩的最小破断负荷应不低于与其螺纹直径相等直径的配套圆环链的最小破断负荷。渗碳链环钩的渗碳深度同配套渗碳圆环链的渗碳深度。普通链环钩工作时与圆环链接触部位的表面硬度同表 2-2 中渗碳圆环链的表面硬度。

2.6.5 链环钩的制造

（1）热编链环钩。

1）高强度链环钩：下料—热编—调质处理—加工螺纹—性能抽检—外观缺陷检验—表面防腐处理—入库。

2）经高频局部淬火的普通链环钩：下料—热编—调质处理—链环钩内圆弧部位高频局部淬火—回火—加工螺纹—性能抽检—外观缺陷检验—表面防腐处理—入库。

3）经渗碳处理的普通链环钩：下料—热编—调质处理—渗碳处理—链环钩内圆弧部位高频局部淬火或除钩腿部位外的整体淬火—回火—加工螺纹—性能抽检—外观缺陷检验—表面防腐处理—入库。

（2）锻造链环钩。

高强度链环钩：下料—锻造—正火—调质处理—加工螺纹—性能抽检—外观缺陷检验—表面防腐处理—入库。

2.6.6 和链环钩配套使用的定距板

和链环钩配套使用的定距板，可使链环钩的使用寿命延长。链环钩的早期断裂在许多情况下是由于没有使用定距板。链环钩在使用中不使用定距板，由于种种原因造成松动，在受力时内圆弧部位产生较大弯曲力，在疲劳载荷作用下易早期断裂。

定距板的型式和尺寸标注如图 2-5 所示，定距板的标准尺寸见表 2-6。

表 2-6 定距板的标准尺寸 （mm）

t±0.1	b	d	l	s	约重/kg·件$^{-1}$
35	30	10.5	65	5	0.06
45	30	13	75	5	0.08
56	40	15	95	6	0.17

续表 2-6

t±0.1	b	d	l	s	约重/kg · 件$^{-1}$
63	40	17	110	6	0.18
70	50	21	120	6	0.25
80	50	21	130	6	0.27
91	60	25	150	8	0.50
105	60	25	165	8	0.56
126	70	31	200	10	0.97
136	80	37	220	12	1.46
147	80	37	230	12	1.51

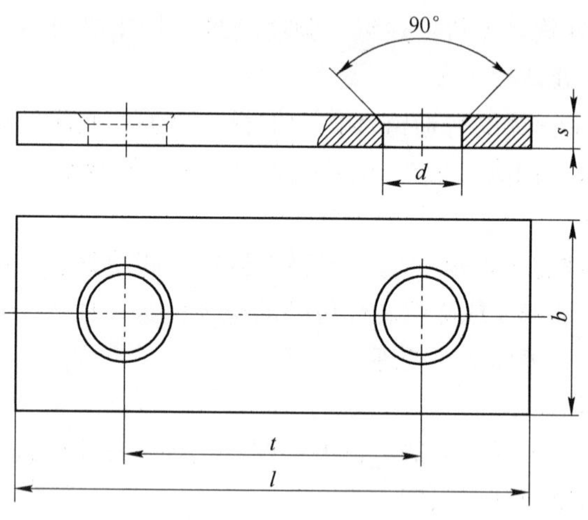

图 2-5　定距板的型式和尺寸标注

2.7　水泥工业用提升机圆环链的安装、使用和维护修理

2.7.1　提升机链条的选用

水泥工业用斗式提升机链条的选用应根据所输送物料的物理和化学特性确定，对在使用中会使链条产生严重磨损的物料应选用渗碳链条，产生一般磨损的使用高强度链条。对链条有腐蚀作用的物料，应特殊订货，选择防腐链条或强度级别较低的链条。链条的承载能力应满足提升机的功率要求。应选择与所用圆环链配套的链环钩，链环钩应配有定距板[27]。

2.7.2　提升机链条的组装

提升机链条组装时，将链条包装在现场打开，为防止链条混乱应随即进行组装。链条应配对组装，如果链条厂提供的链条是配好对的，则在安装时先摆好第一对链条，然后将第二对链条中长的一条与第一对中短的一条用链环钩连接，将第二对链条中短的一条与第一对中长的一条用链环钩连接，以此类推。采用这样的安装方法可保证提升机两侧链条的累积配对公差最小，在使用中两边链条受力均衡，有利于提高链条的使用寿命。在连接好的链条上装料斗。将装配好的组件向传动链轮吊装，经链轮后放下，在尾部将接头接好。组件安装到提升机上后，链环钩同料斗连接的螺母必须再紧一次，并应使用加力杆拧紧，防止松动。链条安装时立环焊接接头必须面向链轮。按相关图纸中规定的尺寸和公差精确地装配是无故障工作的先决条件。使用的链条不能使用电焊焊接。

2.7.3 链条的预张紧

链条及附件安装好后，应进行适当的预张紧。松弛的链条易出现问题，但链条也不能太紧，太紧会降低设备的使用寿命。在多链条输送机的情况下，所有链条的张力必须相等。如果使用的是长链条（链条和料斗的连接采用分体式链钩组件），链条需要缩短，链环必须用切割盘切割，注意不要损伤相邻的环，避免其他链环过热也是很重要的。切掉的环应为两个环或两个环的倍数，一般情况下，链条缩短后应为奇数环。链条在使用期间必须保持正确的预张紧。

2.7.4 空载试运转

链条组装完成后应进行空载试运转，空载运转时间按设备制造厂的规定，空载运转合格后，再进行带料负载试运转。

2.7.5 维护和修理

提升机投入使用后应对链条、链环钩、链轮以及链环钩与料斗的连接部位进行定期检查，看是否有损坏、变形、腐蚀和不正常的磨损区等。同时检查链条和链环钩的磨损和伸长，链条是否和链轮保持正常啮合或存在其他缺陷。如链条有较严重的损伤、腐蚀、磨损等情况，影响使用或存在安全隐患时应及时更换，更换时要将两侧的链条同时替换，并遵循上述配对连接方法进行连接。连接螺母松动时应及时紧固。一般情况下，由于磨损，当链条的节距伸长至1.5%~2.5%时，链环进入链轮时会骑在轮齿上，离开链轮时会黏在轮齿上。对高提升机，输送高磨损或腐蚀材料时和由于高速、热影响等，链条的节距由于磨损伸长虽然还不到1.5%，但链条在进入和离开链轮时也会产生冲击。链环节距增加到大约3.5%时，链条需要更换。

当链环磨损达到材料直径的10%或由于磨损造成链条在链轮上打滑、松动、脱链时必须更换链条，更换链条时，链环钩和链轮或轮齿（可拆卸的轮齿）也需同时更换。必须控制输送材料的移动，使它均匀地分布在提升机的全部宽度上，以便使链条承受的载荷相等。非对称载荷将会导致单条链链环磨损加快，引起节距增加速度大于另一侧链条。输送物料的重量要和链条速度匹配。

必须定期检查链条的张紧程度，特别是新链条运行期或较长的链条长度下。

为了延长链条的使用寿命，在链条使用一段时间后，也可将提升机输送槽内的两侧配对链条左右调换使用。对磨损严重的链轮应更换，这样可有效地延长链条的使用寿命。

2.7.6 链条的贮存

暂时不用的链条应存放在干燥通风的地方，应采取防腐保护，避免受潮，避免和其他腐蚀性介质接触，防止链条产生电化学腐蚀和化学腐蚀。因为在高强度链条的腐蚀坑下容易产生显微裂纹，这将给链条留下可能导致早期断裂的隐患[27]。

3　捞渣机用圆环链

捞渣机主要用于火力发电厂的锅炉出渣，关系到发电厂的正常发电和冬季供热，是发电厂的关键设备之一，而圆环链又是捞渣机的传动部件，是设备的关键件和易损件，如图 3-1 所示。虽然捞渣机用圆环链的工作载荷不像矿用圆环链那么高，但条件非常苛刻，因为不到维修期锅炉是不能停运的，一般要求链条寿命最低应达到两年。由于捞渣机比煤矿刮板输送机短，链条循环次数多，过链轮时链环间连接圆弧部位磨损较突出，湿的灰渣还带有一定的腐蚀性，如果链条性能不好，将会严重影响设备的正常使用。随着我国国民经济的快速发展和人民生活水平的不断提高，工业用电和民用电不断增加，电力紧张时有发生，为避免因捞渣机故障影响发电和供热，电厂对捞渣机用圆环链的可靠性及耐磨性要求非常高。

图 3-1　捞渣机链条在工作中

3.1　捞渣机链条的常用规格

按照捞渣机的设计要求，下面仅列出部分常用规格，见表 3-1。

表 3-1　捞渣机链条的部分常用规格和尺寸

规格（$d \times p$）/mm×mm	直径 d/mm	节距 p/mm	宽度/mm		单位长度质量 /kg·m^{-1}
			最小内宽 b_1	最大外宽 b_2	
14×50	14	50	17	48	约 4.0

续表 3-1

规格（$d \times p$）/mm×mm	直径 d/mm	节距 p/mm	宽度/mm		单位长度质量 /kg·m^{-1}
			最小内宽 b_1	最大外宽 b_2	
16×64	16	64	22	58	约 5.0
18×64	18	64	21	60	约 6.6
19×64.5	19	64.5	22	63	约 7.6
22×80	22	80	31	83	约 10.0
22×86	22	86	26	74	约 9.5
26×91	26	91	35	94	约 14.3
26×92	26	92	30	86	约 13.7
26×100	26	100	31	87	约 13.3
30×108	30	108	34	98	约 18.0
30×120	30	120	36	102	约 17.6
34×126	34	126	38	109	约 22.7
34×136	34	136	39	113	约 23.8
38×137	38	137	42	121	约 29.0
38×144	38	144	44	127	约 30.0

3.2 链条力学性能要求

目前，捞渣机用链条尚无专门的标准，实际使用中一般常用两种链条，一种是高强度圆环链，另一种是渗碳圆环链（高耐磨链条）。高强度圆环链的制造按有关矿用高强度圆环链标准制造，渗碳圆环链的制造可参照水泥工业用链条标准中的渗碳链条要求制造。高强度圆环链的力学性能应达到表 3-2 中的要求，渗碳圆环链的力学性能和渗碳层深度应达到表 3-3 中的要求。国内某链条厂生产的捞渣机渗碳圆环链的渗碳层深度、表面硬度、破断负荷、破断伸长率见表 3-4。

表 3-2　高强度圆环链的力学性能要求

质量等级	最小破断应力/N·mm^{-2}	试验负荷下的最大伸长率/%	破断时的最小伸长率/%	试验应力/N·mm^{-2}	焊接处的缺口冲击值 A_{KV}/J	疲劳极限应力/N·mm^{-2}（$N \geqslant 30000$ 次）	
						上限	下限
B	630	1.4	12	500	≥15	250	50
C	800	1.6	12	640	≥15	330	50
D	1000	1.9	12	800	由制造厂与用户协商确定	400	50

表 3-3 渗碳圆环链的力学性能和渗碳层深度

最大工作拉应力/N · mm^{-2}	最小破断应力/N · mm^{-2}	表面硬度（HV）	渗碳层深度/mm
72.5	290	600~800	0.06d~0.1d

注：1. 表中 d 为链环钢材的公称直径，mm。
2. 圆环链的最小破断负荷 Tk 按下式计算：

$$Tk = \pi(d^2/4) \times 2 \times 290 \div 1000 \quad (kN)$$

式中，$\pi(d^2/4)$ 为链环钢材的理论横截面面积，mm^2。

表 3-4 国内某链条厂生产的捞渣机渗碳圆环链的渗碳层深度、表面硬度、破断负荷和破断伸长率

规格（d×t）/mm×mm	渗碳层深度/mm	表面硬度（HV，min）	破断负荷(min)/kN	破断伸长率(min)/%
14×50	1.4	800	110	2
16×64	1.6		150	
18×64	1.8		200	
19×64.5	1.9		220	
22×80	2.2		300	
22×86	2.2		300	
26×91	2.6		420	
26×92	2.6		420	
26×100	2.6		420	
30×108	3.0		560	
30×120	3.0		560	
34×126	3.4		710	
34×136	3.4		710	
38×137	3.8		900	
38×144	3.8		900	

注：链条用钢为 CrNi 或 CrNiMo 系列。

3.3 链条用钢要求

圆环链用钢应为镇静钢，细晶粒，没有应变时效脆性。高强度圆环链用钢多为 NiCrMo 系列的 23MnNiMoCr5-4 钢，而渗碳圆环链用钢有 CrNi 系列的 15CrNi6、14CrNi5、14CrNi6 等和 CrNiMo 系列的 15CrNiMo5、15CrNiMo6、14CrNiMo5、20CrNiMo 等，链条用钢经适当热处理后应满足圆环链的力学性能要求。

3.4 捞渣机链条的制造

高强度圆环链的制造同矿用高强度圆环链的制造，主要有下列工艺过程：备料—下料—编链—抛丸—闪光对焊—初次校正—热处理—性能抽检—最终校正—测长—表面防腐处理—配对—入库。

渗碳圆环链的制造主要有下列工艺过程：备料—下料—编链—抛丸—闪光对焊—校正—热处理（渗碳、淬火和回火）— 性能抽检—测长—表面防腐处理—配对—入库。

3.5　捞渣机链条用接链环

捞渣机链条用接链环多用同规格矿用高强度圆环链用弧齿型接链环，锯齿型、梯齿型等其他扁平接链环也可选用。与渗碳圆环链配套使用的接链环为渗碳接链环。接链环的力学性能应与配套链条相一致。

3.6　捞渣机链条的安装、使用和维护

根据捞渣机的工况条件选用合适的链条：一般磨损条件下选用高强度圆环链；磨损较严重的条件下选用渗碳圆环链；灰渣腐蚀性较大时，使用高硬度的渗碳圆环链不会增加链条的使用寿命，使用级别较低的大规格链条可得到较长的和可靠的使用寿命。

捞渣机链条安装时应按配对标识逐对安装，在安装时先摆好第一对链条，然后将第二对链条中长的一条与第一对中短的一条用接链环连接，将第二对链条中短的一条与第一对中长的一条用接链环连接，以此类推，将链条连接成要求的长度。用这样的方法连接可使捞渣机槽内两侧链条的长度公差最小，在使用中受力均衡。将连好的链条安装到捞渣机上，安装时要注意链条立环带焊口的一边要朝向链轮。将链条首尾相接，连成闭环，安装刮板，然后将链条预张紧。张紧力不宜过大和过小，只要满足链条和连接件正常运行即可，过大将加剧磨损，过小则在高载荷条件下，链条易打折，造成运行故障和损坏。在捞渣机运行期间，要定期调整链条的预张紧力，使链条保持在最佳的工作状态。捞渣机运送的灰渣应在槽宽范围内均匀分布，以使槽内两侧的链条受力均匀，避免单侧链条受力过大。因为链条的不均匀受力会使单条链的磨损加剧，导致捞渣机槽内的两条链长度差加大，刮板倾斜，严重时需更换链条。

一般情况下，捞渣机链条不需要润滑，如需润滑可用普通机油，但不可用油脂。链条润滑后不应与物料和粉尘接触，以免在链环之间的接触点产生磨粒磨损。链条润滑前应清洁。

捞渣机链条的运行速度应和所输送的灰渣载荷相匹配，为延长链条的使用寿命，链条速度要慢，以刮板在捞渣机斜面上运行时，灰渣不回流为宜。

按技术要求安装链条，确保捞渣机无故障运行。

链条和相关零部件的检测：必须定期检查链条、接链环、链轮和其他相关零

部件的磨损和损伤情况，检查捞渣机的弯曲情况。还要注意检查螺栓、螺母等零件，发现松动应立即紧固。

当链环的节距由于磨损伸长至2.5%或更大时，或由于运行速度较快，灰渣温度高、腐蚀性大、磨损强，链条在链轮上打滑时，链条必须更换。对于平轮捞渣机，链条磨损伸长允许最大到8%。

链条安装时或链条运行一段时间后由于磨损等原因使链条变长，需要截去链环，截掉的链环应为偶数，且两侧须同时切除。切除时要用砂轮切割，用火焰切割易使相邻链环受热，力学性能降低。

4 起重吊链

起重吊链应用十分广泛，在我国的现代化建设中发挥着重要的作用。图 4-1 和图 4-2 所示为吊链应用实例。

图 4-1　机械部件吊运

图 4-2　港口钢坯吊运

起重吊链根据链条的强度分为 M(4) 级、S(6) 级、T(8) 级[32]和 10 级吊链[33]，即链条强度分别为 400MPa、630MPa、800MPa 和 1000MPa。近年来，德国 RUD 链条公司和奥地利 Pewag 链条公司还推出了 12 级吊链，它的强度等级为 1200MPa。Pewag 链条公司的“Winner Pro” 12 级链条，链环的材料外形不是传统圆形的，而是经过改进的，它使链条的抗疲劳和抗弯曲性显著改善。

起重吊链在使用中存在风险（一种是起吊失败，被吊物掉落，造成物件损坏的风险；另一种是造成人身伤害的风险），事关安全。起重吊链有严格的国际标准和欧洲标准，目前国际上应用最广泛的标准是欧洲 EN818 系列标准。随着我国对职业健康安全工作越来越重视，用户对吊链的可靠性和产品质量有了更高的要求。为了提高我国吊链的整体制造水平和产品质量，规范我国吊链的生产、检验、销售、使用和维护，促进技术进步，使吊链产品与国际市场接轨，近年来，在全国起重机械标准化技术委员会（SAC/TC227）的组织领导下，我国对吊链的标准化做了大量的工作，转化了多项吊链国际标准为国家标准。

以下是转化的部分标准：

GB/T 20652—2006/ISO 4778：1981 M(4) 级、S(6) 级和 T(8) 级焊接

吊链；

GB/T 22166—2008/ISO 3056：1986 非校准起重圆环链和吊链使用和维护；

GB/T 24814—2009/ISO 1835：1980 起重用短链环吊链等用 4 级普通精度链；

GB/T 24815—2009/ISO 3075：1980 起重用短链环吊链等用 6 级普通精度链；

GB/T 24816—2009/ISO 3076：1984 起重用短链环吊链等用 8 级普通精度链；

GB/T 25853—2010/ISO 7593：1986 8 级非焊接吊链；

GB/T 24813—2009/ISO 7597：1987 8 级链条用锻造环眼吊钩；

GB/T 24854—2010/ISO 2415：2004 一般起重用 D 形和弓形锻造卸扣；

GB/T 25855—2010/ISO 16798：2004 索具用 8 级连接环。

由于市场对高级别的吊链需求量不断增加，而且要求的吊链尺寸规格也在不断增大，因此，了解起重吊链的制造、使用、修理和维护对避免事故，保证安全，提高效率，延长起重吊链的使用寿命，降低生产成本十分必要[34]。

4.1　起重吊链的术语及定义

（1）吊链。包括一根或数根链条和连带其上、下端配件的链条组合件。用于把起吊重物连接到起重机或其他起重机械的吊钩上（如图 4-3~图 4-6 所示）。

（2）主环。为一侧边平行的环，是吊链的上端配件。通过它连到起重机或其他起重机械的吊钩上（如图 4-3~图 4-6 所示）。

（3）中间主环。用于将两个或两个以上链肢连接到主环上的链环（如图 4-6 所示）。

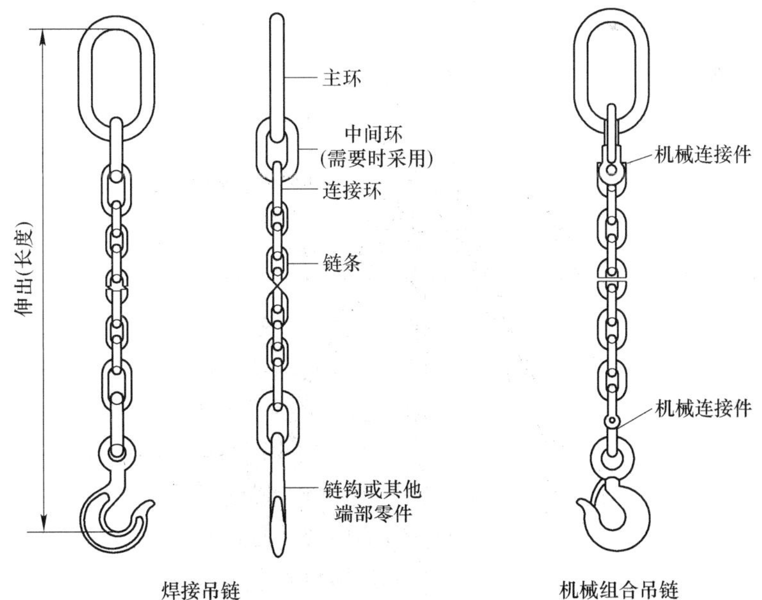

图 4-3　单肢吊链

(4) 连接环。装在链条端部的链环，直接或通过中间环将链条连至上端或下端配件（如图 4-3~图 4-6 所示）。

(5) 中间环。用于在端部配件和装在链条上的连接环之间起连接作用的链环（如图 4-3~图 4-6 所示）。

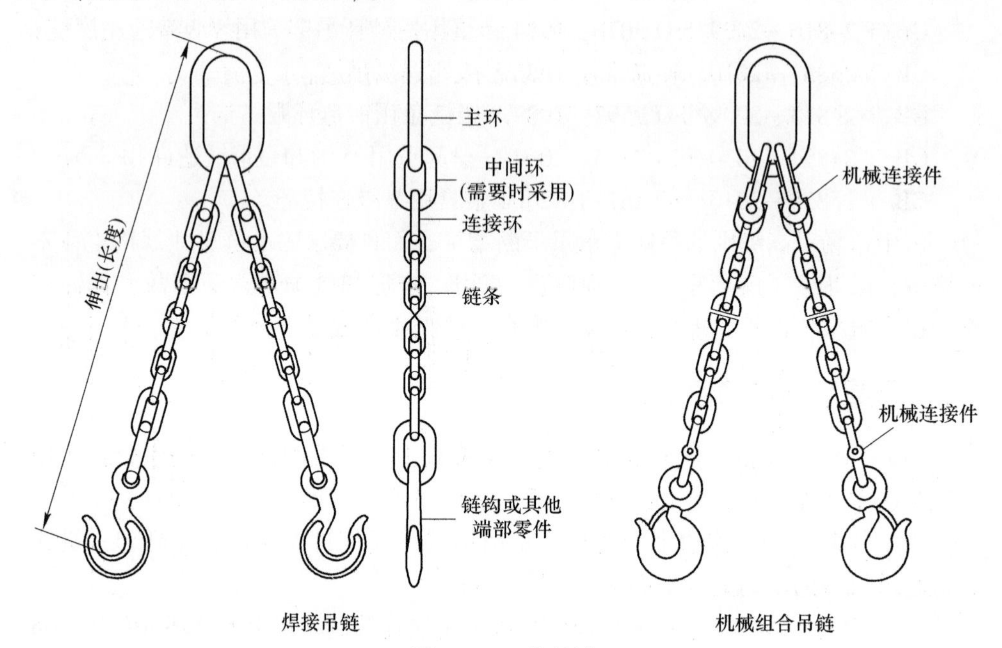

图 4-4　双肢吊链

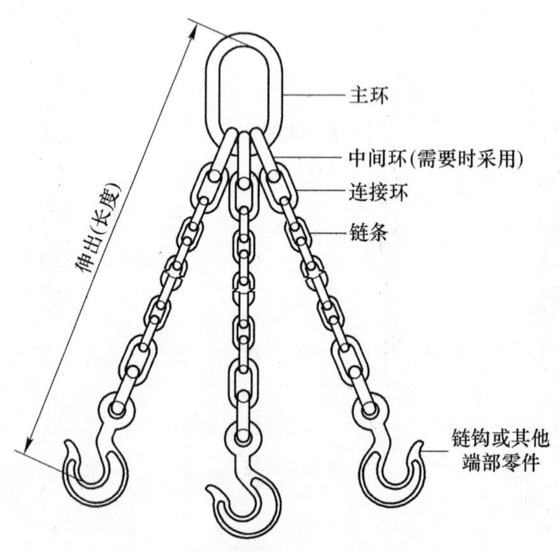

图 4-5　三肢吊链（焊接吊链）

（6）机械连接件。不用焊接方法将链条与其他部件相连的接头。它可以是整体的部件或分离的部件（如图 4-3、图 4-4 和图 4-6 所示）。

（7）下端部。装在肢端的链环、吊钩或其他装置，此肢端远离主环或上端部（如图 4-3~图 4-6 所示）。

（8）试验力。试验整个吊链所施加的力或试验一段吊链所施加的力。

（9）极限工作载荷。在通常使用情况下，设计吊链能承受的最大质量。

（10）工作载荷。在特殊工况下吊链能支承的最大质量。

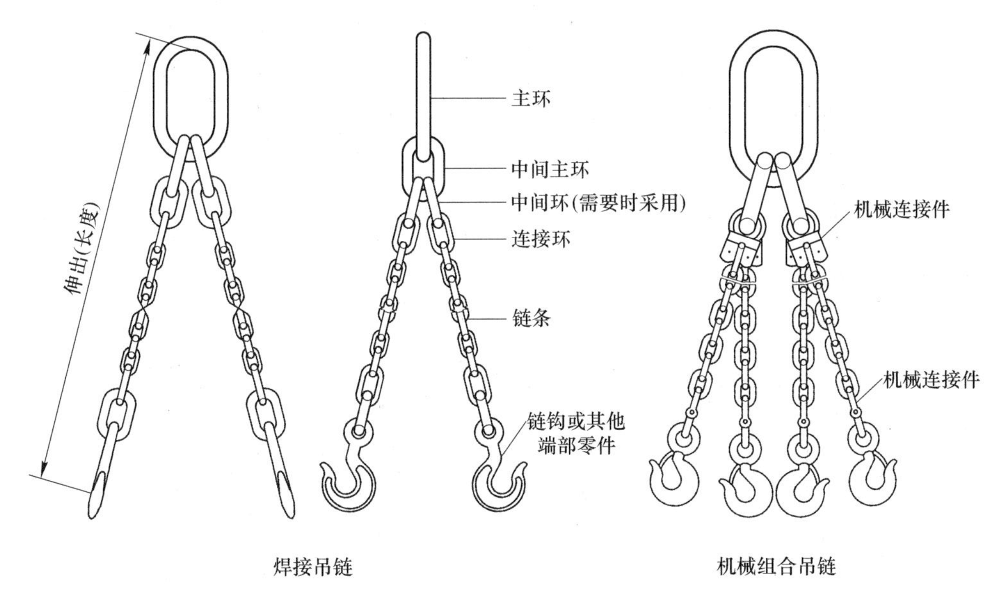

图 4-6 四肢吊链

4.2 起重吊链的规格和种类

根据 EN 818 标准 8 级吊链链条的规格范围为直径 4~45mm，我国中煤张家口煤矿机械有限责任公司帕森斯链条分公司还曾给国内重型铸锻企业等提供过直径为 48mm、56mm、63mm、71mm 的大规格吊链。EN 818-2 标准[34]中 8 级吊链链条的规格范围见表 4-1。

表 4-1 EN 818-2 标准中 8 级吊链链条的规格和尺寸

链条直径 d_n/mm	材料直径公差/mm	焊接处直径 d_s/mm	节距/mm			非焊接处内宽 W_1 (min)/mm	焊接处外宽 W_2 (max)/mm	约重 /kg · m^{-1}
			P_n	P(max)	P(min)			
4	±0.16	4.4	12	12.4	11.6	5.2	14.8	0.35
5	±0.2	5.5	15	15.5	14.6	6.5	18.5	0.5

续表 4-1

链条直径 d_n/mm	材料直径公差/mm	焊接处直径 d_s/mm	节距/mm			非焊接处内宽 W_1 (min)/mm	焊接处外宽 W_2 (max)/mm	约重 /kg · m^{-1}
			P_n	P(max)	P(min)			
6	±0.24	6.6	18	18.5	17.5	7.8	22.2	0.8
7	±0.28	7.7	21	21.6	20.4	9.1	25.9	1.1
8	±0.32	8.8	24	24.7	23.3	10.4	29.6	1.4
10	±0.4	11	30	30.9	29.1	13	37	2.2
13	±0.52	14.3	39	40.2	37.8	16.9	48.1	3.8
16	±0.64	17.6	48	49.4	46.6	20.8	59.2	5.7
18	±0.9	19.8	54	55.6	52.4	23.4	66.6	7.3
19	±1	20.9	57	58.7	55.3	24.7	70.3	8.1
20	±1	22	60	61.8	58.2	26	74	9
22	±1.1	24.2	66	68	64	28.6	81.4	10.9
23	±1.2	25.3	69	71.1	66.9	29.9	85.1	12
25	±1.3	27.5	75	77.3	72.8	32.5	92.5	14.1
26	±1.3	28.6	78	80.3	75.7	33.8	96.2	15.2
28	±1.4	30.8	84	86.5	81.5	36.4	104	17.6
32	±1.6	35.2	96	98.9	93.1	41.6	118	23
36	±1.8	39.6	108	111	105	46.8	133	29
40	±2	44	120	124	116	52	148	36
45	±2.3	49.5	135	139	131	58.5	167	45.5

德国 PAS 1061 标准中，10 级吊链链条的尺寸规格是依据 EN 818-2 标准中的 8 级链条规格，但规格范围比 8 级的少，链环内宽和外宽的测量位置和 EN 818-2 标准中的 8 级链条也不同，见表 4-2。

表 4-2 10 级起重吊链链条的规格和尺寸

链条公称直径 d_n/mm	节距/mm		焊接处内宽 b_1(min)/mm	邻近焊接处外宽 b_2(max)/mm	单位长度质量 /kg · m^{-1}
	P	极限偏差			
4	12	±0.4	5.2	14.8	0.36
5	15	±0.5	6.5	18.5	0.56
6	18	±0.5	7.8	22.2	0.8
7	21	±0.6	9.1	25.9	1.1
8	24	±0.7	10.4	29.6	1.5

续表 4-2

链条公称直径 d_n/mm	节距/mm		焊接处内宽	邻近焊接处外宽	单位长度质量
	P	极限偏差	b_1(min)/mm	b_2(max)/mm	/kg · m^{-1}
10	30	±0.9	13.0	37.0	2.3
13	39	±1.2	16.9	48.1	3.9
16	48	±1.4	20.8	59.2	5.8
18	54	±1.6	23.4	66.6	7.4
19	57	±1.7	24.7	70.3	8.1
20	60	±1.8	26.0	74.0	9.0
22	66	±2.0	28.6	81.4	11
23	69	±2.1	29.9	85.1	12
26	78	±2.3	33.8	96.2	15

10 级起重吊链的规格尺寸有如下规律：

（1）链环节距 P 为链环材料直径的 3 倍，即：$P=3d_n$；

（2）链环最小内宽为链环材料直径的 1.3 倍，即：$b_1=1.3d_n$；

（3）链环的最大外宽为链环材料直径的 3.7 倍，即：$b_2=3.7d_n$。

EN 818-2 标准 8 级起重吊链和 PAS1061 标准 10 级起重吊链的规格尺寸的计算方法相同。大约在 1990 年德国 RUD 链条公司开始生产 10 级吊链，其他德国链条企业开始效仿。

起重吊链按形式分类，主要可分为 4 种，即：单肢吊链、双肢吊链、三肢吊链和四肢吊链。另外，还有环形吊链等。如图 4-3~图 4-7 所示。图 4-8 所示为吊链组件实物。同时根据吊链的结构还可将其分为焊接吊链和非焊接吊链[36]（机械连接吊链）。由于机械连接吊链具有组装、拆卸快捷方便，组件有互换性，能实现异地安装，交货快速等优势，其所占用量比例越来越大。

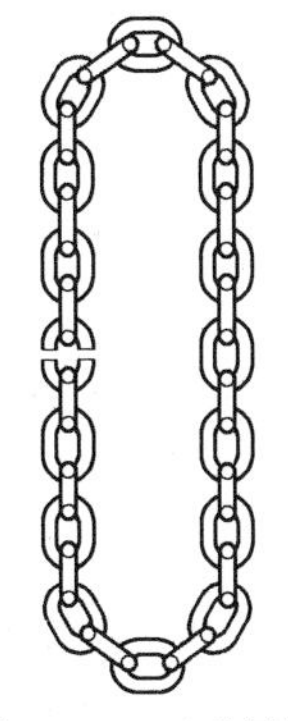

图 4-7 环形吊链

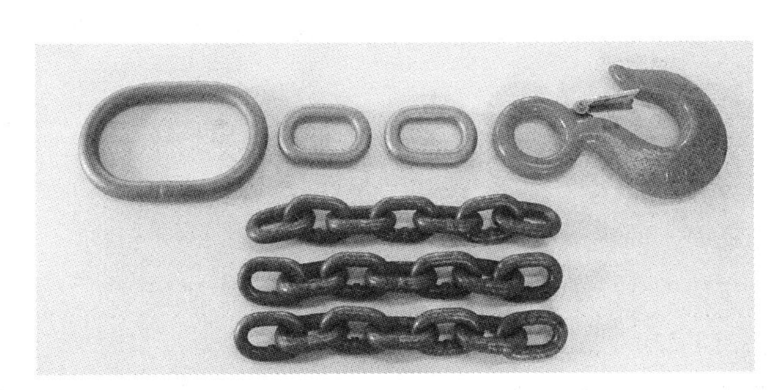

图 4-8 吊链组件实物

4.3　起重吊链的工况条件及其力学性能要求

起重吊链在使用中除承受静拉伸载荷外，在起吊和吊运过程中还会出现冲击载荷及磨损，所以起重吊链的力学性能要求是非常严格的。按照 EN 818 标准的要求，8 级吊链链条的力学性能见表 4-3。

表 4-3　8 级吊链链条的力学性能

公称尺寸 *d*/mm	极限工作载荷 *WLL*/t	制造检验力 *MPF*/kN	破断力 *BF*(min)/kN	弯曲挠度 *f*(min)/mm
4	0.5	12.6	20.1	3.2
5	0.8	19.6	31.4	4
6	1.12	28.3	45.2	4.8
7	1.5	38.5	61.6	5.6
8	2	50.3	80.4	6.4
10	3.15	78.5	126	8
13	5.3	133	212	10
16	8	201	322	13
18	10	254	407	14
19	11.2	284	454	15
20	12.5	314	503	16
22	15	380	608	18
23	16	415	665	18
25	20	491	785	20
26	21.2	531	849	21
28	25	616	985	22
32	31.5	804	1290	26
36	40	1020	1630	29
40	50	1260	2010	32
45	63	1590	2540	36

注：1. 链条在自然黑的状态下静态拉伸试验，破断时的总伸长率不小于 20%。

2. 极限工作载荷（*WLL*）的平均应力为 200N/mm^2，制造检验力（*MPF*）的平均应力为 500N/mm^2，最小破断力（*BF*）的平均应力为 800N/mm^2。

在 EN 818 标准中，8 级吊链链条的最小破断力（*BF*）的平均应力是极限工作载荷（*WLL*）平均应力的 4 倍，制造检验力（*MPF*）的平均应力是极限工作载荷（*WLL*）平均应力的 2.5 倍。由于 8 级吊链链条的最小破断力是极限工作载荷的 4 倍，所以使用安全系数也是 4 倍。生产制造检验力是极限工作载荷的 2.5

倍。在 ISO3076：2012[37] 标准中，对 8 级吊链链条还提出了低温冲击韧性的要求。

按照 PAS 1061 标准的要求，10 级吊链链条的力学性能见表 4-4。

表 4-4　10 级吊链链条的力学性能

链条公称直径 d_n/mm	极限工作载荷 *WLL*/t	制造检验力 *MPF*/kN	破断力 *BF*(min)/kN	挠度 *f*(min)/mm
4	0.63	15.7	25.1	3.2
5	1	24.5	39.3	4
6	1.4	35.3	56.5	4.8
7	1.9	48.1	77.0	5.6
8	2.5	62.8	101	6.4
10	4	98.1	157	8
13	6.7	166	265	10
16	10	251	402	13
18	12.5	318	509	14
19	14	354	567	15
20	16	393	628	16
22	19	475	760	18
23	20	519	831	18
26	26.5	664	1060	21

注：1. 表中给出的破断力适用于链条在自然黑的状态下，对于其他表面状态，破断力将降低 7%。链条在自然黑状态下静态拉伸试验，破断伸长率不小于 25%，在其他表面状态下不小于 20%。疲劳次数至少为 20000 次。疲劳上限载荷为极限工作载荷的 1.5 倍，下限载荷为小于或等于 3kN。检验频率不允许大于 25Hz。在-20℃下测试三个链环样品（取自非焊接的直边），其平均冲击值最低为 42J，单个数值最低不得小于 28J（70%）。

2. 极限工作载荷（*WLL*）的平均应力为 250N/mm^2，制造检验力（*MPF*）的平均应力为 625N/mm^2，最小破断力（*BF*）的平均应力为 1000N/mm^2。

在 PAS 1061 标准中，10 级吊链链条的最小破断力（*BF*）的平均应力是极限工作载荷（*WLL*）平均应力的 4 倍，制造检验力（*MPF*）的平均应力是极限工作载荷（*WLL*）平均应力的 2.5 倍。

10 级吊链链条的最小破断力是极限工作载荷的 4 倍，即使用安全系数是 4 倍。生产制造检验力是极限工作载荷的 2.5 倍。

由表 4-4 可以看出，10 级链条的极限工作载荷、最小破断力和破断伸长率均比表 4-3 中的 8 级链条高出 25%。按照 PAS 1061 标准要求，10 级吊链还要作应力腐蚀试验，即链条在 50℃硫氰酸氨（NH_4SCN）溶液浸泡 500h，不应出现裂纹，以此测试其抗应力腐蚀性能（链条试样为 5 个环）。

12 级吊链的强度等级为 1200MPa，安全使用温度是−60～300℃，冲击值在−60℃时大于 55J。12 级链条的出现，使链条尺寸变得更小，重量更轻，使用更加方便。目前，12 级吊链的链条规格最大到 16mm，即链条材料直径为 16mm。

4.4　起重吊链链条用钢

8 级及其以上质量级别的起重吊链链条用钢在标准中有严格要求，它是保证链条力学性能和使用安全的先决条件。起重吊链链条用钢应为电炉或顶吹氧冶炼的镇静钢和控制 S、P 含量（美国标准还要控制 C 含量）的高纯度合金结构钢，且为细晶粒（8 级链条用钢奥氏体晶粒度 EN 818 标准定为 5 级或更细，ISO 3076:2012 标准定为 6 级或更细，10 级链条用钢奥氏体晶粒度定为 6 级或更细）、非时效，含 NiCr、NiMo 或 NiCrMo 基。钢中应含有足够量的合金元素，使链条在热处理后具有标准规定的力学性能，包括足够的延性和韧性，以抗冲击载荷。8 级和 10 级吊链链条用钢的化学成分见表 4-5。

表 4-5　8 级和 10 级吊链链条用钢的化学成分　（质量分数/%）

	元素	最小（熔炼分析）	元素	最大（熔炼分析）	最大（检验分析）
EN 818-2：1996 标准 8 级链条	Ni	0.40	S	0.025	0.030
	Cr Mo 二者至少含有其中之一	0.40 0.15	P	0.025	0.030
	Al	0.025			
ISO 3076：2012 标准 8 级链条	Ni	0.40	S	0.020	0.025
	Cr Mo 二者至少含有其中之一	0.40 0.15	P	0.020	0.025
			S+P	0.035	0.045
	Al	熔炼分析：最小 0.025；最大 0.050			
PAS 1061：2006 标准 10 级链条	Ni	0.70	S	0.015	0.020
	Cr	0.050	P	0.015	0.020
	Mo	0.30	S+P	0.025	0.035
	Al	0.025			

由表 4-5 可知，10 级吊链链条用钢要求镍铬钼 3 种元素在钢中都必须含有，而且镍铬钼的含量均高于 8 级链条用钢，特别是镍、钼含量增加较多。对钢中的硫、磷含量的限制 10 级链条用钢比 8 级链条更加严格。由此可见，高级别的吊链链条对材料含有的合金元素及其含量都有特殊要求，同时对材料的纯净度要求

也是相当高的，从而使材料在保证高强度的条件下，还具有较高的塑韧性（包括低温延性和韧性）。12 级吊链链条用钢为 RUD 公司的专利钢种，是它的一项制链材料技术[34]。

4.5 起重吊链链条的制造

4.5.1 钢材选择

吊链链条的制造首先是钢材的选择，根据吊链链条的质量级别选用符合标准要求的钢种，对钢厂提供的钢材在投用前应按照有关标准和协议进行外观、尺寸、硬度、化学成分、力学性能、金相组织检查，不符合要求的不得投用。

4.5.2 制造工艺

制链工艺需保证两方面的要求，即链条的尺寸要求和力学性能要求。

吊链链条的制造工艺过程如下：

直径为 ϕ13mm 及以下规格的链条制造工艺过程为：下料及冷编链—电阻对焊—初次校正—热处理—性能抽检—最终校正（载荷检验）—外观缺陷检验（目测、用放大镜测，必要时加磁粉探伤等无损检测）—测长—配对（根据需要）—表面防腐处理—入库。

直径为 ϕ14mm 及以上规格链条的制造工艺过程同矿用高强度圆环链，即：下料—ϕ19mm 及以下规格的链条为冷编链，ϕ19mm 以上规格的链条为热编链—抛丸—闪光对焊—初次校正—热处理—性能抽检—最终校正（载荷检验）—外观缺陷检验（目测、用放大镜测，必要时加磁粉探伤等无损检测）—测长—配对（根据需要）—表面防腐处理—入库。

直径为 ϕ13mm 及以下规格的链条采用冷编链、电阻对焊工艺，电阻对焊是通过对链环接口处进行电阻加热，然后施加一定压力把链环焊接在一起。焊接前要保证链条下料端口形状正确一致（电阻焊链环的端口是凿子形的，可使端口快速加热）和好的链环形状，这是非常重要的。它要求材料尺寸精度高，材料的表面质量要好、清洁有利于焊接时的导电。为了达到这些要求，用于链条电阻焊的原材料一般需要经过光亮退火—冷拔—光亮退火—上油，或退火—酸洗—冷拔—退火—酸洗—上油等工序。

在这里需要特别提到的是 8 级和 10 级吊链链条的热处理，所有的链条应该从所用钢的 Ac_3 点以上温度淬火，8 级链条回火温度至少 400℃并在此温度至少保温 1h。10 级链条回火温度至少 380℃并在此温度至少保温 1h。热处理后的校正是按制造检验力（链条极限工作载荷的 2.5 倍）对链条进行拉伸达到标准规定的尺寸。在最终校正中如有断裂的链条，修接时仍按原链条所用材料及工艺路线加工连接单环，单环热处理后，仍需进行最终校正。最终校正后，应对链条进行全面仔细的外观检查，对有缺陷的链环做出标识，链环中有微小缺陷的可进行修磨，有影响链条性能的缺陷要切除链环。

4.5.3　制造设备

国内多数厂家生产直径为 ϕ18mm 以下规格的链条均采用国产制链设备，少数厂家采用德国瓦菲奥斯（Wafios）和意大利威特力（Vitari）公司的制链设备。直径为 ϕ18mm 及其以上规格的链条制链设备有采用国产的，也有采用进口的，进口设备多采用德国迈尔（MRP）公司和瑞典伊萨（ESAB）公司的制链设备。热处理采用（进口或国产）中频感应加热设备进行淬火和回火，再配备电阻加热回火炉进行等温回火。载荷检验是在全自动机械或液压式校正机上连续进行的。图 4-9~图 4-15 为部分小规格吊链链条的制造设备。大规格吊链链条的制链设备同矿用高强度圆环链。

图 4-9　电阻焊链条下料及编结设备（意大利 Vitari 公司制造）

图 4-10　电阻焊链条下料及编结设备（德国 Wafios 公司制造）

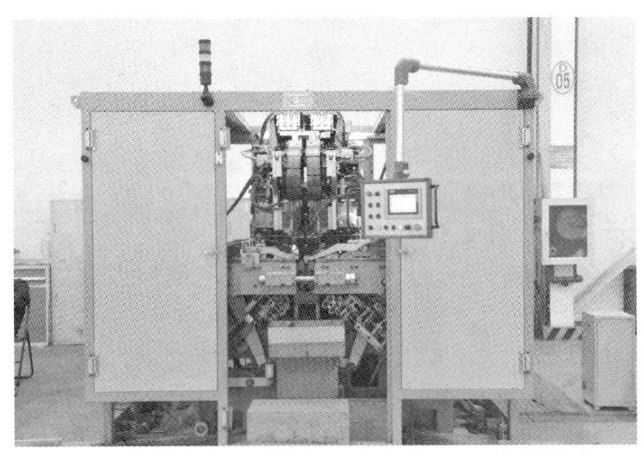

图 4-11 链条电阻对焊机（意大利 Vitari 公司制造）

图 4-12 链条电阻对焊机（德国 Wafios 公司制造）

图 4-13 链条感应加热热处理炉（EFD 公司制造）

图 4-14　电阻对焊链条校正机（意大利 Vitari 公司制造）

图 4-15　万能材料试验机（国产）

4.6　起重吊链的附件

4.6.1　主环

（1）主环的型式和尺寸。8 级和 10 级主环的型式和部分常用尺寸如图 4-16 和表 4-6 所示。

在我国国家标准 GB/T 25855—2010《索具用 8 级连接环》[37] 中规定了平行边主环的内部长度和内部宽度，见表 4-7。

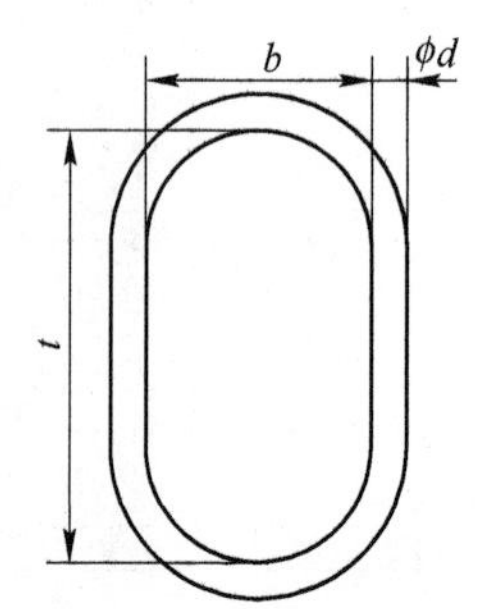

图 4-16　主环的型式及尺寸标注

表 4-6 部分常用 8 级和 10 级主环的尺寸

ϕd/mm	t/mm	b/mm	重量/kg	标准重量/kg
13	110	60	约 0.35	约 0.34
16	110	60	约 0.6	约 0.53
18	135	75	约 0.9	约 0.8
22	160	90	约 1.5	约 1.5
26	180	100	约 2.35	约 2.3
32	200	110	约 4.0	约 3.9
36	260	140	约 6.3	约 6.35
45	340	180	约 13.0	约 12.8

表 4-7 平行边主环的内部长度和内部宽度

WLL	最小内部长度	最小内部宽度
≤25t	$58\sqrt{WLL}$	$31.5\sqrt{WLL}$
>25t	$45\sqrt{WLL}$	$25\sqrt{WLL}$

（2）主环的力学性能。部分 8 级主环的力学性能见表 4-8 和表 4-9；部分 10 级主环的力学性能见表 4-10。

表 4-8 部分 8 级主环的力学性能（一）

极限工作载荷 WLL/t				总极限伸长率/%	疲劳强度（极限工作载荷在 32t 以下的主环，min）/N	弯曲挠度/mm
主环和下端环	主环		中间主环			
单肢	双肢	三肢和四肢				
1.12	1.6	2.36	1.8	静拉伸试验完成后，锻造环应有明显变形，焊接环总极限伸长率不小于 20	20000 次	焊接环所取带焊口一侧试样，弯曲挠度值至少为链环直径的 0.8 倍，试验后无裂纹
2.00	2.8	4.25	3.15			
3.15	4.25	6.7	5			
5.30	7.5	11.2	8.5			
8	11.2	17	12.5			
10	14	21.2	16			
15	21.2	31.5	23.6			
21.2	30	45	33.5			

注：1. 制造验证力 $MPF = WLL \times 2.5 \times g(\text{kN})$；最小破断力 $BF = WLL \times 4 \times g(\text{kN})$；$g = 9.80665\text{m/s}^2$。

2. 疲劳上限应力为：$WLL\times1.5$，下限应力为：0~3kN，频率不大于 25Hz。

3. 根据极限工作载荷 WLL 可算出主环的最小破断力，为选定不同的主环尺寸提供了依据。

表 4-9　部分 8 级主环的力学性能（二）

主环直径 ϕd/mm	单肢吊链	
	所配链条直径/mm	极限工作载荷 *WLL*/t
13	6	1. 12
16	8	2
18	10	3. 15
22	13	5. 30
26	16	8
32	18	10
36	22	15
45	26	21. 20

表 4-10　部分 10 级主环的力学性能

主环直径 ϕd/mm	极限工作载荷 *WLL*/t							
	单肢吊链		双肢吊链			三肢和四肢吊链		
	链条直径/mm		链条直径/mm	0°~45°(β)	45°~60°(β)	链条直径/mm	0°~45°(β)	45°~60°(β)
13	6	1. 4	6	2	1. 4			
16	8	2. 5						
18	10	4	8	3. 55	2. 5	6	3	2. 12
22	13	6. 7	10	5. 6	4	8	5. 3	3. 75
26	16	10	13	9. 5	6. 7	10	8	6
32	18	12. 5	16	14	10	13	14	10
36	22	19	18	18	12. 5	16	21. 2	15
45	26	26. 5	22	26. 5	19	18	26. 5	19

注：生产厂家不同，极限工作载荷 *WLL* 的数据可能有轻微变化。

4. 6. 2　中间环（连接环）

（1）中间环的型式和尺寸。8 级和 10 级中间环的型式和部分常用尺寸如图 4-17 和表 4-11 所示。

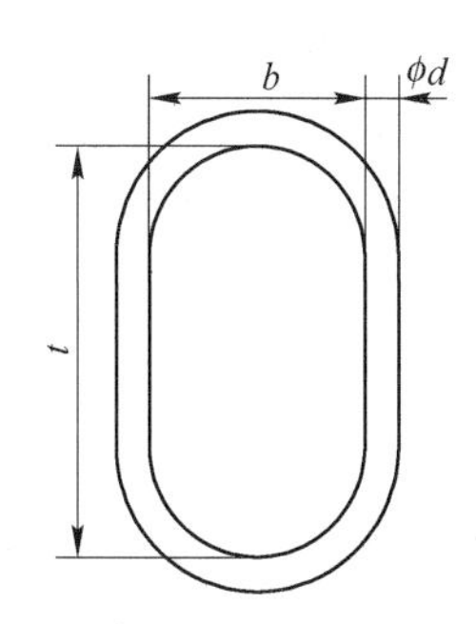

图 4-17 中间环的型式及尺寸标注

表 4-11 部分常用中间环的尺寸

ϕd/mm	t/mm	b/mm	重量/kg
10	44	20	约 0.09
13	54	25	约 0.18
16	70	34	约 0.36
18	85	40	约 0.53
20	85	40	约 0.68
22	115	50	约 1.06
26	140	65	约 1.82
32	150	70	约 3.05
36	170	75	约 4.32
40	170	80	约 5.5

（2）中间环的力学性能。部分 8 级中间环的力学性能见表 4-12。

表 4-12 部分 8 级中间环的力学性能

<table>
<tr><th>极限工作载荷 WLL/t</th><th>制造验证力 MPF/kN</th><th>破断力 BF (min)/kN</th><th>总极限伸长率/%</th><th>疲劳强度 (min)/N</th><th>弯曲挠度 /mm</th></tr>
<tr><td>1.80</td><td rowspan="7">WLL×2.5×g(kN)
g=9.80665m/s²</td><td rowspan="7">WLL×4×g(kN)
g=9.80665m/s²</td><td rowspan="7">静拉伸试验完成后，锻造环应有明显变形，焊接环总极限伸长率不小于 20</td><td rowspan="7">20000 次</td><td rowspan="7">焊接环所取试样，弯曲挠度值至少为链环材料直径的 0.8 倍，试验后无裂纹</td></tr>
<tr><td>2.50</td></tr>
<tr><td>3.15</td></tr>
<tr><td>4</td></tr>
<tr><td>5</td></tr>
<tr><td>6.30</td></tr>
<tr><td>8.50</td></tr>
</table>

续表 4-12

极限工作载荷 *WLL*/t	制造验证力 *MPF*/kN	破断力 *BF* (min)/kN	总极限伸长率/%	疲劳强度 (min)/N	弯曲挠度 /mm
9.50	*WLL*×2.5×*g*(kN) $g=9.80665\text{m/s}^2$	*WLL*×4×*g*(kN) $g=9.80665\text{m/s}^2$	静拉伸试验完成后，锻造环应有明显变形，焊接环总极限伸长率不小于20	20000次	焊接环所取试样，弯曲挠度值至少为链环材料直径的0.8倍，试验后无裂纹
12.50					
16					
18					
20					
23.60					
26.50					
31.50					

注：1. 疲劳上限应力为：*WLL*×1.5，下限应力为：0~3kN，频率不大于25Hz。
2. 表中规定的疲劳强度指标适用于极限工作载荷在32t以下的中间环。

（3）主环、中间环用钢。钢材应采用电炉或吹氧转炉冶炼，应为镇静钢，经适当热处理后达到标准规定的力学性能要求，并且还应具有足够的低温韧性。奥氏体晶粒度为5级或更细。8级主环、中间环用钢的化学成分应符合表4-13的要求。

表 4-13　8级主环、中间环用钢的化学成分

	元素	最小（质量分数）/%	元素	最大（质量分数）/%	
		熔炼分析		熔炼分析	检验分析
GB/T 25855 标准索具用8级连接环	Ni	0.40	S	0.025	0.030
	Cr	0.40	P	0.025	0.030
	Mo	0.15			
	Al	0.025			
	Ni、Cr、Mo三种合金元素锻造环至少含有其中两种，焊接环应含镍，并至少含其他两种合金元素中的一种				

（4）主环、中间环的制造。焊接主环、中间环的制造工艺与链条基本相同，即：下料—热编—抛丸—闪光对焊—初次校正—热处理—性能抽检（抽检样品在性能抽检前要经过最终校正）—最终校正（载荷检验）—外观缺陷及尺寸检验（外观缺陷检查可用目测、用放大镜测，必要时可加磁粉探伤等无损检测，尺寸检查用游标卡尺）—表面防腐处理—入库。

锻造主环的制造工艺为：下料—热锻成型—热处理（退火）—磁粉探伤—抛丸处理—热处理（淬火和回火）—性能抽检（抽检样品在性能抽检前要经过最终校正）—校正处理（载荷检验）—外观缺陷及尺寸检验（外观缺陷检查可

用目测、用放大镜测，必要时可加磁粉探伤等无损检测，尺寸检查用游标卡尺）—表面防腐处理—入库。

4.6.3 锻造环眼吊钩

（1）锻造环眼吊钩的型式和尺寸[38]。国标 GB/T 24813—2009/ISO 7597：1987 中 8 级链条用锻造环眼吊钩的型式和尺寸如图 4-18（示意图）和表 4-14 所示。

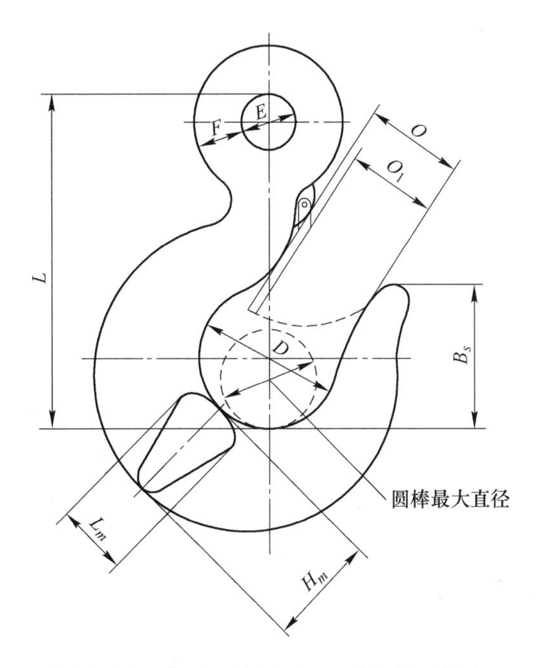

图 4-18 锻造环眼吊钩的型式和尺寸标注

表 4-14 锻造环眼吊钩的尺寸

链条直径 d/mm	WLL/t	$D(3.8d)$ (min) /mm	$O(2.9d)$ (min) /mm	$O_1(2.7d)$ (min) /mm	$E(1.75d)$ (min) /mm	$F(1.8d)$ (max) /mm	$H_m(4.3d)$ (max) /mm	$L(15.5d)$ (max) /mm	$L_m(2.9d)$ (max) /mm
6	1.1	22.8	17.4	16.2	10.5	10.8	25.8	93	17.4
8	2	30.4	23.2	21.6	14	14.4	34.4	124	23.2
10	3.2	38	29	27	17.5	18	43	155	29
13	5.4	49.4	37.7	35.1	22.8	23.4	55.9	201.5	37.7
16	8	60.8	46.4	43.2	28	28.8	68.8	248	46.4
18	10	68.4	52.2	48.6	31.5	32.4	77.4	279	52.2

续表 4-14

链条直径 d/mm	WLL/t	$D(3.8d)$ (min) /mm	$O(2.9d)$ (min) /mm	$O_1(2.7d)$ (min) /mm	$E(1.75d)$ (min) /mm	$F(1.8d)$ (max) /mm	$H_m(4.3d)$ (max) /mm	$L(15.5d)$ (max) /mm	$L_m(2.9d)$ (max) /mm
22	15.5	83.6	63.8	59.4	38.5	39.6	94.6	341	63.8
26	21.6	98.8	75.4	70.2	45.5	46.8	111.8	403	75.4
32	32	121.6	92.8	86.4	56	57.6	137.6	496	92.8
36	40	136.8	104.4	97.2	63	64.8	154.8	558	104.4
40	50	152	116	108	70	72	172	620	116
45	63	171	130.5	121.5	78.8	81	193.5	697.5	130.5

注：1. 吊钩钩尖实际高度 B_S 不应小于该吊钩开口尺寸 O（如图 4-18 所示）。

2. E 的最小值：用于焊接吊链为 1.75D，用于非焊接吊链为 2.0D。

欧洲标准 EN 1677-2[39]《吊索用零件—安全　第 2 部分：8 级带闩锻造钢吊钩》(Componments for slings—Safety Part 2：Forged steel lifting hooks with latch，Grade 8）中的吊钩尺寸和国标 GB/T 24813 略有不同。

（2）锻造环眼吊钩的力学性能。国标 GB/T 24813 中 8 级链条用锻造环眼吊钩的力学性能见表 4-15。

表 4-15　8 级链条用锻造环眼吊钩的力学性能

链条直径 ϕd/mm	极限工作载荷 WLL/t	验证力 Fe/kN	破断力(min)/kN	疲劳强度(min)/N
6	1.1	22.7	45.4	（极限工作载荷不大于 10t 的吊钩）10000 次
8	2	40.3	80.6	
10	3.2	63	126	
13	5.4	107	214	
16	8	161	322	
18	10	204	408	
22	15.5	305	610	
26	21.6	425	850	
32	32	644	1288	
36	40	815	1630	
40	50	1006	2012	
45	63	1273	2546	

注：1. 经验证力（Fe）后吊钩的开口尺寸变形不应超过原始尺寸的 0.5%或 0.2mm，二者取最大值。

2. 疲劳上限应力为：验证力（Fe）×0.75，下限应力为：0~3kN，频率在 5~25Hz 之间。

3. 吊钩应达到规定的最小破断力，试验完成后吊钩开口尺寸应有增大变形。

在 EN 1677-1：2000[40]标准中规定的 8 级锻造钢零件的力学性能如下：

1）制造验证力 $MPF=WLL\times2.5\times g$（kN）；最小破断力 $BF=WLL\times4\times g$（kN）；$g=9.80665\text{m/s}^2$。

2）经制造验证力（MPF）后吊钩的尺寸公差应在图纸规定的范围内。

3）极限工作载荷不大于 32t，疲劳寿命最低 20000 次；疲劳上限应力为：$WLL\times1.5$，下限应力为：0~3kN，频率不大于 25Hz。

4）吊钩应达到规定的最小破断力，完成静态拉伸试验后，应有塑性变形。

比较上述标准规定的力学性能，欧洲标准 EN 1677 和国标 GB/T 24813 还是有所不同的。

（3）锻造环眼吊钩的用钢要求。8 级链条用锻造环眼吊钩的用钢要求见表 4-16。

表 4-16 8 级链条用锻造环眼吊钩用钢的化学成分 （质量分数/%）

<table>
<tr><td rowspan="6">GB/T 24813—2009 标准</td><td rowspan="2">元素</td><td rowspan="2">最小（熔炼分析）</td><td rowspan="2">元素</td><td colspan="2">最大</td></tr>
<tr><td>熔炼分析</td><td>检验分析</td></tr>
<tr><td rowspan="2">Ni
Cr
Mo
三者至少含有其中两种</td><td rowspan="2">未明确规定含量</td><td>S</td><td>0.035</td><td>0.040</td></tr>
<tr><td rowspan="2">P</td><td rowspan="2">0.035</td><td rowspan="2">0.040</td></tr>
<tr><td>Al</td><td>0.025</td></tr>
<tr><td colspan="5">钢应采用电炉或吹氧转炉冶炼，应为镇静钢，能稳定抵抗应变时效脆性；钢中应含有足够量的合金元素，以保证吊钩经适当热处理后达到标准规定的力学性能要求；奥氏体晶粒度应达到 5 级或更细；钢材应具有良好的可锻性</td></tr>
<tr><td rowspan="6">EN 1677-1：2000 标准</td><td>Ni</td><td>0.40</td><td>S</td><td>0.025</td><td>0.030</td></tr>
<tr><td>Cr</td><td>0.40</td><td rowspan="4">P</td><td rowspan="4">0.025</td><td rowspan="4">0.030</td></tr>
<tr><td>Mo</td><td>0.15</td></tr>
<tr><td colspan="2">钢材应至少含有上述三种合金元素中的两种</td></tr>
<tr><td>Al</td><td>0.025</td></tr>
<tr><td colspan="5">钢材应采用电炉或吹氧转炉冶炼，应为镇静钢，能稳定抵抗应变时效脆性；钢中应含有足够量的合金元素，以保证经适当热处理后达到标准规定的力学性能要求并且具有足够的低温韧性以便能稳定地工作在-40~400℃的温度范围；奥氏体晶粒度为 5 级或更细</td></tr>
</table>

（4）8 级链条用锻造环眼吊钩的制造。吊钩应经热锻成型，锻造后不得有裂纹及影响质量的表面缺陷，热处理应在钢的 Ac_3 点以上温度淬火，回火温度最低为 400℃，保温 1h。

4.7　吊链的安全使用[33,42,43]

起重吊装工作的安全和可靠性取决于吊链的正确设计和良好的性能以及操作者的技能和知识。操作者应经过链条选择和使用等多方面的培训，包括机械、三角学、冶金和法律方面的知识培训，应具有实践经验。起重吊链使用时，必须遵循起重吊装作业的法律法规和相关安全标准。

在吊链首次使用前，必须确认吊链符合订货要求，并附有检验合格证书，吊链上的标记和极限工作载荷与合格证书一致。如果是机械连接吊链，组装时部件必须与链条强度要求相匹配。

在起吊物件前，首先要知道吊装的总重量，包括结构件或辅件。起吊物在静态下的重量不得超过吊链的极限工作载荷。要正确选择吊索具，包括吊链的肢数、链条的直径、极限工作载荷（*WLL*），使用多肢吊链时要知道吊链在不同夹角时的极限工作载荷等。

起重吊链在使用中的极限工作载荷是随着吊链链肢间的夹角的变化和环境温度的变化而变化的，务必引起注意，见表 4-17～表 4-19。

表 4-17　8 级吊链的极限工作载荷[44]

单肢		双肢		三肢和四肢		环状吊索结套
WLL/t		*WLL*/t		*WLL*/t		*WLL*/t
链条直径/mm	90°	$0^\circ<\beta\leqslant45^\circ$	$45^\circ<\beta\leqslant60^\circ$	$0^\circ<\beta\leqslant45^\circ$	$45^\circ<\beta\leqslant60^\circ$	
		系数 1.4	系数 1.0	系数 2.1	系数 1.5	系数 1.6
4	0.5	0.71	0.5	1.06	0.75	0.8
5	0.8	1.12	0.8	1.6	1.18	1.25
6	1.12	1.6	1.12	2.36	1.7	1.8
7	1.5	2.12	1.5	3.15	2.24	2.5
8	2	2.8	2	4.25	3	3.15
10	3.15	4.25	3.15	6.7	4.75	5
13	5.3	7.5	5.3	11.2	8	8.5
16	8	11.2	8.0	17.0	11.8	12.5
18	10	14	10	21.2	15	16
19	11.2	16	11.2	23.6	17	18
20	12.5	17	12.5	26.5	19	20

续表 4-17

链条直径/mm	单肢 WLL/t 90°	双肢 WLL/t 0°<β≤45° 系数 1.4	双肢 WLL/t 45°<β≤60° 系数 1.0	三肢和四肢 WLL/t 0°<β≤45° 系数 2.1	三肢和四肢 WLL/t 45°<β≤60° 系数 1.5	环状吊索结套 WLL/t 系数 1.6
22	15	21.2	15	31.5	22.4	23.6
23	16	23.6	16	35.5	25	26.5
25	20	28	20	40	30	31.5
26	21.2	30	21.2	45	31.5	33.5
28	25	33.5	25	50	37.5	40
32	31.5	45	31.5	67	47.5	50
36	40	56	40	85	60	63
40	50	71	50	106	75	80
45	63	90	63	132	95	100

表 4-18　部分 10 级吊链的极限工作载荷

链条规格（$d \times p$）/mm×mm	单肢 WLL/t 90°	双肢 WLL/t 0°<β≤45° 系数 1.4	双肢 WLL/t 45°<β≤60° 系数 1.0	三肢和四肢 WLL/t 0°<β≤45° 系数 2.1	三肢和四肢 WLL/t 45°<β≤60° 系数 1.5	环状吊索结套 WLL/t 系数 1.6
6×18	1.4	2	1.4	3	2.12	2.24
8×24	2.5	3.55	2.5	5.3	3.75	4
10×30	4	5.6	4	8	6	6.3
13×39	6.7	9.5	6.7	14	10	10.6
16×48	10	14	10	21.2	15	16
18×54	12.5	18	12.5	26.5	19	20
22×66	19	26.5	19	40	28	30
26×78	26.5	37	26.5	56	40	42.4

注：极限工作载荷（WLL）系数根据 EN 818 标准。

从表4-17 和表4-18 中可以看出链肢间夹角越大，链肢受力也越大，双肢吊链链肢间夹角如果为 120°时每肢链条承受的力为肢间夹角 0°的 2 倍，如果链肢间夹角大于 120°，链肢承受的力还将增大。吊装时链肢间夹角大于 120°是不允许使用的。链条在高温环境下使用，例如钢厂、铸造厂和锻造厂经常吊运较重的热载荷，链条受载荷和温度的双重作用，将使其强度降低，这时链条的承受力应先按角度下降再按温度下降。表 4-19 给出了温度对链条极限工作载荷的不同影响程度。

表 4-19　工作环境温度对吊链极限工作载荷的影响

<table>
<tr><th>链条级别</th><th>温度范围/℃</th><th>极限工作载荷 WLL/%</th></tr>
<tr><td rowspan="4">8 级</td><td>-40～200</td><td>100</td></tr>
<tr><td>200～300</td><td>90</td></tr>
<tr><td>300～400</td><td>75</td></tr>
<tr><td>>400</td><td>不允许</td></tr>
<tr><td>10 级</td><td colspan="2">安全使用温度可达 380℃，在 300～380℃之间使用，极限工作载荷降为 60%</td></tr>
</table>

在吊链使用前，应将缠绞的链条解开，链条不能在扭曲、打结的情况下使用，同时应注意以下几点：

（1）负载的均衡及重心，通过改变吊链链肢的长度尽量保证负载重心正好在吊点的下面。为了在起吊负载中不扭转和翻倒，应遵从下面的条件：

1）用单肢吊链，连接点应竖直地位于负载的重心上方。

2）用双肢吊链，连接点应位于负载重心上方的两边。

3）用三肢或四肢吊链，连接点应均衡地分布在负载重心周围的平面上方，链肢最好是均匀分布的。

（2）使用多肢吊链时，应合理选择吊链的型式和吊点，以便使链肢的倾角（β）在标注允许的范围内，所有的倾角最好是一样的，避免倾角 $\beta<15°$。在任何情况下，吊链的肢间夹角都不得超过 120°。

（3）在起吊开始后，吊链由松变紧，负载稍微升起时应仔细检查链条是否系牢和负载是否保持在水平状态，在篮套吊或类似吊运的情况下，尤其重要，因为负载是靠摩擦力保持在它的位置中的。

（4）对多肢吊链的情况，有时不是所有的链肢都同时使用，两肢只有一肢使用时极限工作载荷应降至规定值的 1/2，三肢和四肢只使用两肢时极限工作载荷应降至规定值的 2/3，三肢和四肢只使用一肢时极限工作载荷应降至规定值的 1/3。不用的链肢应挂回到主环上，以免在吊运时发生危险。

（5）吊钩和吊点应匹配，使负载正确地位于钩腔内，避免位于钩尖部位。

当钩尖受力变为提升点时，钩子将产生弯曲应力，易使吊钩变形提前失效。使用多肢吊链时，除非特殊结构的吊钩在特定的使用情况下外，钩尖必须朝外。

（6）确保主环在起重机或其他起重装置的吊钩上运动自如，吊钩要位于负载重心的上方。

（7）对于找不到合适吊点的负载，需将吊链穿过负载的下方进行兜吊时，极限工作载荷应降至规定值的80%。双兜吊时确信吊链不打扭，β 角不得大于60°。

（8）通常规定的吊链极限工作载荷是以吊链的各肢均匀承载的情况为基础的，在多肢吊链中，如果链肢与垂线的倾角不同，倾角最小的，承载最大。在极端的情况下，垂直悬挂的单肢承受全部载荷。在下列情况下载荷仍然认为是均衡的，即：

1）载荷不超过吊链极限工作载荷的80%。

2）所有链肢与垂线的倾角不小于15°。

3）所有链肢与垂线的倾角相互间最大偏差为15°。

如上述条件不能满足，吊链规定的极限工作载荷应降低50%。

（9）当起吊长物品时，特别是在空间有限的情况下，操作者应在起吊物的一端或两端连接调节绳以便控制吊物的摆动。

（10）吊链操作者和吊车司机应有一致手语，这种手语除刹车外应与其他手语有所区别。在吊运过程中每个操作者的手语应保持一致。

（11）在吊装之前、之中和之后链条的温度，4级吊链的安全使用温度为-40~300℃，6级和8级吊链的安全使用温度为-40~200℃。在这个范围之外，要参考制造厂家关于降低工作载荷极限的意见。

（12）吊车或天车操作者在吊运时应保持慢吊、低吊、轻放，以免出现冲击负载。

（13）6级和6级以上链条禁止在酸性溶液和酸性气体环境中使用，以免使链条产生腐蚀或引发脆性机制和裂纹，如在此环境中使用，必须向吊链生产厂家咨询。

（14）如在酸性场合使用4级吊链，工作载荷不应超过极限工作载荷的50%，吊链使用后要立即用清水清洗，每天使用前都要由检查人员对吊链进行检查。

（15）不能用打结的方法来缩短链肢长度，可使用调节器。使用调节器时，链条应正确进入和离开槽窝。

（16）起吊前应准备好卸吊的空间，起吊物品应如何放置要根据实际情况来定，卸载物落位时要防止碰撞链条，不能直接压在吊链上，应使用木板条衬垫，要用手拆吊链，不要用起重机或机械，这样有可能造成链条损坏。

（17）链条环绕被吊物棱角处时，须加衬垫，以免损坏链条与被吊物。

（18）在吊运重要物品、危险品时，专家必须进行风险评估，并对吊链的极限工作载荷做相应的调整。

（19）如果链条工作环境温度偏高、有冲击载荷、不均衡载荷或有可能出现打扭、操作不当等不正常情况，应降低链条的工作载荷，必要时需要使用较大规格的链条，可查询生产厂家的产品目录或直接从厂家得到帮助。

（20）吊链每次使用前必须检查有无损伤、磨损和变形情况，如发现问题应按维修规则处理。

（21）吊运工作结束后，应将吊链从吊车钩上卸下，经外观检查后放在特制的架子上，以免表面损伤或丢失。吊链应建立使用档案，将每次使用情况记录下来，确保使用安全。

4.8　吊链的更换、修理和维护[34]

4.8.1　吊链的更换

吊链如出现下列缺陷应退出服务并立即更换：

（1）吊链的极限工作载荷标记或识别标记模糊不清。

（2）主环、链条及其他附件产生变形；链环变形，外长超过名义尺寸的3%，内长超过名义尺寸的5%。

（3）多肢吊链的肢长明显不同。

（4）吊钩开口尺寸明显增加，超过名义尺寸的10%。

（5）钩子的钩腔部位磨损（厚度减少）≥5%。

（6）主环、中间环、连接环和端环直径因磨损减少大于15%。链环之间或链环与其他物体接触产生的磨损使链条的直径减少大于10%，即按如下方法测量，如图4-19所示。在同一平面测量两个直径 d_1 和 d_2（d_1、d_2 互相垂直），取其平均值（d_1+d_2）/2，如果两个直径的平均值减小到标称直径的90%，这就达到了可容许的环间磨损的最大值。

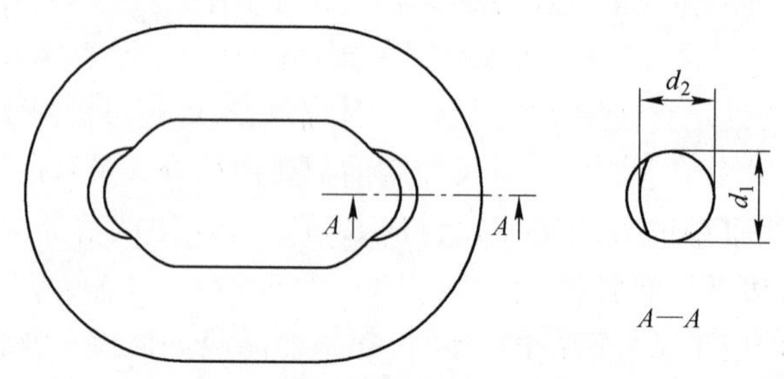

图4-19　链条中的内环磨损

（7）链环表面出现裂纹、过度腐蚀、受热变色、链环弯曲和扭曲等缺陷。

吊链的零部件出现裂纹、明显变形、严重腐蚀必须更换。如果需要更换链肢中的一个环，则整个链肢都要更换。

4.8.2 吊链的修理

焊接吊链的修理需在制造厂进行。链条的所有备件必须符合国家标准或国际标准。微小的缺陷，例如犁沟、缺口等可通过仔细地修磨或锉的方法去除，修理后的表面应和相邻材料表面光滑过渡，修理后的横截面不得小于规定值。如果修理是接入一个机械装配元件，此元件已由制造厂按有关标准检验，并附有检验证书，可不再进行载荷试验。未经吊链生产厂许可，不得对吊链表面进行电镀或涂层处理。

4.8.3 吊链的维护

吊链不用时，应存放在专门的支架上，并将下端钩反挂到上端主环上。链条在某段时间不用时，应采取防腐保护。如果吊链悬挂在吊钩上而没有负载，链钩应钩入吊链的主环内。链条在运输中包装或捆扎须牢固，不应散开并避免磕碰损伤，因为有伤的链条在使用中易产生应力集中，导致早期断裂。

对吊链应进行定期和不定期的检查，看是否有损伤和磨损情况，链条在检查前应去除脏物、油污和腐蚀物，以免掩盖裂纹或表面缺陷。清洁时不得使用酸、加热或任何打磨金属的方法以免产生氢脆、变形、材料磨损、裂纹以及其他的表面损伤。检查时应提供足够的照明。磨损最常见的部位是在环内侧即链环之间连接处，检查时要把链条摆好并翻动以便进行仔细的检查和测量。

吊链应由有资质的人员每年至少检查一次，检查的周期取决于使用条件。每三年用仪器或设备做一次裂纹探伤检验。如使用者对吊链的安全条件有怀疑，吊链应退出服务，由有资质的人员进行检查。

定期检查后，应详细记录检查情况及日期并保存检查记录，建立档案。

起重吊链在工作中事关安全，它的质量高低和使用寿命的长短与制链用钢、制链设备、制链工艺以及正确的使用方法、维护保养有着密切的关系。

4.9 吊链技术的发展趋势

(1) 高强度，轻型化，结构简单，操作容易。链条强度不断提高，由 M(4) 级、P(5) 级、S(6) 级到 T(8) 级再到 V(10) 级，现在已经制造出了 12 级吊链。由于吊链强度、硬度的提高会增加链条对裂纹和缺陷的敏感性，为保证吊链的使用安全，对吊链的断裂韧性也更加重视，在强度提高的同时，延性和韧性指标也不断提高。由于吊链的强度级别提高，吊链在相同极限工作载荷的条件下，链条规格变小、重量变轻，也节省了钢材。吊链发展也趋于结构简单，附件少，功能多，使操作更加容易。

（2）研制、采用新钢种。随着链条向高强度轻型化的发展，研制、采用新钢种是必然的。链条级别的提高，对用钢的要求也越来越高，越来越严。高级别的吊链用钢经适当热处理后不但能获得高强度，而且还能获得高的韧性指标，吊链用钢是吊链向高级别发展的关键因素之一。12 级吊链链条就是采用的优质合金钢新钢种，也是专利钢种。

（3）链条结构和链环形状的优化。链条结构和链环形状的优化有利于改善链条的力学特性。比如，链环的节距和内宽减小（链环的内圆弧变小）可减小链条的弯曲应力和链环间的接触压力，提高疲劳寿命和耐磨性等。

（4）特殊链条的研制、生产和发展。为满足特殊场合的吊装需要，耐高温吊链、耐腐蚀吊链、高耐磨吊链以及抗疲劳吊链将会得到进一步研制、生产和发展。比如，不锈钢吊链、带有表面处理的吊链以及新产品吊链等。

参 考 文 献

[1] 马瑞勇，王维喜，张兵军，等 . 25MnV 钢矿用高强度圆环链的中频感应加热淬火 [J] . 金属热处理，2004，29（11）：65~67.

[2] GB/T 12718—2009 矿用高强度圆环链 [S] . 北京：中国标准出版社，2009.

[3] DIN 22252—2012 Round steel link chains for use in continuous conveyors and winning equipment in mining [S] . Berlin Germany：Deutsches Institut für Normung e. V. , 2012.

[4] 王维喜，马瑞勇，武兴旺，等 . 矿用高强度圆环链的标准比较 [J] . 金属加工（热加工），2010，（5）：48~49.

[5] DIN 22255—2012 Flachketten für Stetigförderer im Bergbau [S] . Berlin Germany：Deutsches Institut für Normung e. V. , 2012.

[6] GB/T 10560—2008 矿用高强度圆环链用钢 [S] . 北京：中国标准出版社，2008.

[7] DIN 17115—2012 Steel for welded round link chains and chain components——technical delivery conditions [S] . Berlin Germany ：Deutsches Institut für Normung e. V. , 2012.

[8] Parsons Chain Company Limited. Alloy steel composition and chain products fabricated in such alloy steel United States，6146583 [P] . Nov. 14，2000.

[9] 武兴旺，王维喜，马瑞勇，等 . 矿用高强度圆环链用钢的研究进展 [J] . 金属热处理，2008，33（2）：34~35.

[10] 浙江大学，上海机械学院，合肥工业大学 . 钢铁材料及其热处理工艺 [M] . 上海：上海科学技术出版社，1978：228~254.

[11] 金属学编写组 . 金属学 [M] . 上海：上海人民出版社，1976：91~95.

[12] 崔维达 . 含硼 54 钢闪光对焊可焊性的研究 [R] . 哈尔滨：哈尔滨工业大学现代焊接生产技术国家重点实验室，2008.

[13] 王维喜，马瑞勇，武兴旺，等 . 红外线测温系统在矿用高强度圆环链连续中频热处理中的应用 [J] . 金属热处理，2007，32（5）：104~105.

[14] 马瑞勇，王维喜，张兵军，等 . 矿用高强度圆环链的热处理 [J] . 河北冶金，2003，（1）：52~55.

[15] 黄明志，石德珂，金志浩 . 金属力学性能 [M] . 西安：西安交通大学出版社，1986.

[16] 王维喜，马瑞勇，武兴旺，等 . 矿用高强度圆环链链环几何形状与力学性能之间的关系探讨 [J] . 金属热处理，2008，33（10）：77~79.

[17] 亨特 · 菲利普 . 坚硬还是柔软？42×137mm 刨链以及复杂问题的简单化解决方案 [J]. Mining Repor Glückauf，2013，149（10）：22~30.

[18] 王东凤，王维喜，马瑞勇，等 . 矿用高强度圆环链的防腐方法 [J] . 矿山机械，2011，39（6）：135~137.

[19] 王维喜，马瑞勇，武兴旺，等 . 矿用高强度圆环链及其热处理的研究进展 [J] . 金属热处理，2009，34（8）：102~105.

[20] 武兴旺，郭卫，马瑞勇，等 . 矿用高强度圆环链的磨损特性及延长其使用寿命的方法 [J] . 煤矿机械，2011，32（12）：220~221.

[21] Rainer Benecke. 一种更好的链子：新型 F-Class 链 [J] . Glückauf 矿业技术与经济，

2005，1：8~11.

［22］武兴旺，任中全，王维喜，等．矿用高强度圆环链的正确使用和维护［J］．煤矿机械，2011，32（1）：210~211.

［23］Guenther Philip. 链子的使用管理与维护［J］. Glückauf 矿业技术与经济，2005，1：2~6.

［24］DIN 22258-1—2012 Chain connectors-Part 1：Flat type connectors［S］. Berlin Germany：Deutsches Institut für Normung e. V.，2012.

［25］DIN 22258-2—2015 Chain connectors-Part 2：Kenter type connectors［S］. Berlin Germany：Deutsches Institut für Normung e. V.，2015.

［26］DIN 22258-3—2016 Chain connectors-Part 3：Block type connectors［S］. Berlin Germany：Deutsches Institut für Normung e. V.，2016.

［27］穆惠民，张泽，庄严．新型水泥装备技术手册［M］．北京：化学工业出版社，2016：613~618.

［28］JC/T 919—2003 水泥工业用链条技术条件［S］．北京：中国建材工业出版社，2004.

［29］DIN 764-1：1992 Calibrated and tested round steel link chains for coutinuous conveyers Grade 2，pitch 3. 5d［S］. Berlin Germany：Beuth Verlag Gmbh，1992.

［30］DIN 764-2：1992 Rundstahlketten für stetigförderer Güteklasse 3 lehrenhaltig Teilung 3. 5d geprüft［S］. Berlin：Beuth Verlag Gmbh，1992.

［31］DIN 766：1996 Calibrated and tested grade 3 round steel link chains［S］. Berlin Germany：Beuth Verlag Gmbh，1986.

［32］GB/T 20652—2006/ISO4778：1981 M（4）、S（6）和 T（8）级焊接吊链［S］．北京：中国标准出版社，2007.

［33］PAS 1061：2006 Rundstahlketten für Anschlagketten—Güteklasse 10［S］. Berlin Germany：Beuth Verlag Gmbh，2006.

［34］穆惠民，张泽，庄严．新型水泥装备技术手册［M］．北京：化学工业出版社，2016：613~630.

［35］EN 818-2：1996 Safety of short link chains for lifting purposes Medium tolerance chain for chain slings，grade 8［S］. Brussels：CEN（European Committee for Standardization），1996.

［36］GB/T 25853—2010/ISO 7593：1986 8 级非焊接吊链［S］．北京：中国标准出版社，2011.

［37］ISO 3076—2012 Round steel short link chains for general lifting purposes-Medium tolerance sling chains for chain slings-Grade 8［S］. Geneve：ISO（International Organization for Standardization），2012.

［38］GB/T 25855—2010/ISO 16798：2004 索具用 8 级连接环［S］．北京：中国标准出版社，2011.

［39］GB/T 24813—2009/ISO 7597：1987 8 级链条用锻造环眼吊钩［S］．北京：中国标准出版社，2010.

［40］EN 1677-2：2000 Components for slings—Safety Part 2：Forged teel lifting hooks with latch，Grade 8［S］. Brussels：CEN（European Committee for Standardization），2000.

[41] EN 1677-1：2000 Components for slings—Safety Part 1：Forged teel components，Grade 8 [S]．Brussels：CEN（European Committee for Standardization），2000.

[42] EN 818-6：2000 Short link chain for lifting purposes—Safety Part 6：Chain slings—Specification for information for use and maintenance to be provided by the manufacturer [S]. Brussels：CEN（European Committee for Standardization），2000.

[43] GB/T 22166—2008/ISO 3056：1986 非校准起重圆环链和吊链使用和维护 [S]．北京：中国标准出版社，2008.

[44] EN 818-4：1996 Short link chain for lifting purposes—Safety Part 4：Chain slings—Grade 8 [S]．Brussels：CEN（European Committee for Standardization），1996.

中煤张家口煤矿机械有限责任公司帕森斯链条分公司

中煤张家口煤矿机械有限责任公司帕森斯链条分公司的链条制造始于1958年，目前已成为世界上最大的高强度圆环链生产企业之一。

公司在链条制造技术领域与国内知名大学合作进行的链条研究项目曾获得国家科技进步奖，起草有关链条国家标准一项，国家行业标准一项，拥有多项国家发明专利和适用新型专利。22×86矿用高强度圆环链曾荣获国家银质奖。自1995年与英国帕森斯链条公司建立了紧密的合作关系以来，链条制造技术和生产管理水平得到了高度提升。特别是2006年，通过收购的方式全面承接了英国帕森斯链条公司百年的品牌、专利、装备和制造技术，进一步增强了世界顶级链条的生产能力。

中煤张家口煤矿机械有限责任公司帕森斯链条分公司于1998年在国内链条制造行业率先通过了ISO 9001质量体系认证。

由于形成了连续成批的专业化精益生产方式，使链条产品尺寸和力学性能的一致性、稳定性得到充分保证，从而使链条产品具有更强的安全性、可靠性和经济性。产品范围有：各种规格的矿用高强度圆环链（C级链及高于C级的加强链、D级链）和接链环、火力发电厂用锅炉出渣链、水泥工业用链条及链环钩、成套起重吊装链条（8级、10级和12级）。